絶対わかる 物理化学

齋藤勝裕 著
Saito Katsuhiro

講談社サイエンティフィク

目 次

はじめに v

第 I 部 物質の運動 1

1章 物質はどんな状態と性質をとるのか……………………2
1. 理想気体の理想的性質 2
2. 実在気体の実際の性質 6
3. 液体の性質 10
4. 固体の性質 12
5. 液晶は液体と結晶の中間 14

コラム：ノーベル賞 6

2章 気体分子の運動を見る ……………………………………16
1. 動く分子の運動量 16
2. 圧力は分子の衝突 18
3. 分子の動く速度 20
4. 分子の運動エネルギー 22
5. 分子間の衝突 24
6. 衝突の回数 26

コラム：根平均二乗速度と平均速度 26

3章 反応の速度から何がわかるか ……………………………28
1. 反応にも速度がある 28
2. 一分子反応と二分子反応 32
3. 量が半分になる半減期 34
4. 反応を起こすための活性化エネルギー 36
5. 速度を決める律速段階 38
6. 特殊な反応 40

コラム：年代測定 34

4章 分子運動の確率 ……………………………………………42
1. 運動エネルギーは確率で決まる 42
2. エネルギーはボルツマン分布する 46
3. 速度はマックスウェル分布する 48
4. エントロピーは乱雑さの尺度 50
5. エントロピーとエネルギー 52

コラム：統計熱力学 46
コラム：相対平均速度 54

第 II 部 エネルギーと平衡　55

5章　熱力学第1法則 …… 56

- 1　原子，分子の持つエネルギー　56
- 2　結合と反応の化学エネルギー　60
- 3　熱力学第1法則　62
- 4　定容変化と内部エネルギー　64
- 5　定圧変化とエンタルピー　66
- 6　反応熱とヘスの法則　68
- 7　二つの熱容量　72
- コラム：速度支配生成物と熱力学支配生成物　70

6章　熱力学第2，第3法則 …… 74

- 1　永久機関の熱効率　74
- 2　熱力学第2法則　76
- 3　変化に伴うエントロピー　78
- 4　エントロピーは増大する　80
- 5　熱力学第3法則　82
- 6　反応を支配する自由エネルギー　84
- 7　標準状態の自由エネルギー　88

7章　平衡状態の性質 …… 90

- 1　平衡状態になるための条件　90
- 2　平衡状態にある反応　92
- 3　固体，液体，気体の平衡　94
- 4　平衡を表す状態図　98
- 5　相　律　100
- コラム：クラジウス-クラペイロンの式　96
- コラム：臨界溶液　102
- コラム：地球温暖化　104

第 III 部 溶液の化学　105

8章　溶液の性質 …… 106

- 1　物質の溶けやすさ　106
- 2　固体が溶ける　108
- 3　気体が溶ける　110
- 4　溶液の蒸気圧　112
- 5　沸点と融点　114
- 6　半透膜と浸透圧　120
- コラム：安息香酸の分子量　116

9章　電解質溶液 ……………………………………………………… 122

1. 酸，塩基とは何か　122
2. 電解質が電離する　126
3. 水素イオンの濃度　128
4. 酸と塩基の平衡定数　130
5. 塩を加水分解する　132
6. 緩衝液の性質　134

10章　電気化学 ……………………………………………………… 136

1. 酸化，還元とは何か　136
2. 酸化剤と還元剤　140
3. イオン化傾向を決めるもの　142
4. 電池の構造　144
5. 標準電極電位　148
6. 電気分解　150

コラム：メッキ　152

第 IV 部　界面と固体　153

11章　界面，コロイドの化学 ………………………………………… 154

1. 界面と表面張力　154
2. 界面活性剤の働き　158
3. ミセルは分子膜の袋　160
4. コロイド　162
5. コロイドの安定性　164
6. 液体状のゾル，固体状のゲル　166

コラム：夕焼け　164

12章　固体の化学 …………………………………………………… 168

1. 結晶の種類　168
2. 化学吸着と物理吸着　170
3. 電気を通す物質　172
4. 夢の超伝導性　174
5. 磁石になる物質　176
6. 有機化合物も磁石になる　180

索　引 …………………………………………………………………… 182

はじめに

　学問に王道無しとは良く言われるとおりである．確かにその通りであろう．しかし，勉強にも王道は無いのだろうか？　道にぬかるみの道もカラー舗装の道もあるのと同様，勉強にももっと合理的な道があるのではないか．同じ努力をするにしても，もっと合理的な努力があるのではないか．本書「絶対わかるシリーズ」はこのような疑問を元に編集された，学部 1 年生から 3 年生向けのシリーズである．

　「絶対わかる」とは著者の側から言えば，「絶対わかってもらう」「絶対わからせる」という決意表明でもある．手に取ってもらえばおわかりのように，本書は右ページは説明図だけであり，左ページは説明文だけである．そして全ての項目について 2 ページ完結になっている．その 2 ページに目を通せば，その項目については完全に理解できる．説明図は工夫を凝らしたわかりやすいものである．説明文は簡潔を旨とした，これまたわかりやすいものである．

　説明は詳しくて丁寧であれば良いと言うものでは決してない．説明される人が理解できるのが良い説明なのである．聞いている人が理解できない説明は，少なくともその人にとっては何の価値もない．

　たとえ理解できる説明だとしても，断片的な知識の羅列では，知にはなっても知識にならない．結合を考えてみよう．イオン結合，二重結合，σ 結合，共有結合…と沢山の種類がある．これら個々の知識はもちろん大切である．しかし，それだけでは結合の全体像がつかめない．各結合の相対的な関係がわかって初めて結合と言う物の正しい認識が得られる．大切なのは知識の体系化である．

	種類			例
結合	イオン結合			NaCl
	共有結合	σ 結合	一重結合	H_3C-CH_3
		π 結合	二重結合	$H_2C=CH_2$
			三重結合	$HC\equiv CH$
	○×結合			

　上の表が頭に入っているか否かで結合の認識はかなり変わる．そしてこのよ

うな事は，文章による説明よりも図表によって示された方がはるかにわかりやすい．

　この例は本書のほんの一例である．

　本シリーズを読んだ読者はまず，わかりやすさにびっくりすると思う．そして化学はこんなに単純で，こんなに明快なものだったかとびっくりするのではないだろうか．その通りである．学問の神髄は単純で明快である．ただ，科学では，特に化学では自然現象を研究対象とする．そこには例外が常に存在する．この例外に目を奪われると学問は途端に複雑怪奇曖昧模糊なものに変貌する．研究を志す者は何時かはこのような魑魅魍魎に立ち向かわなければならない．

　著者が強調したいのは，そのためにも若い読者の年代においては単純明快な理論体系をしっかりと身につけてもらいたいということである．魑魅魍魎に魅了されるのはその後でなければならない．

　本シリーズで育った若い諸君の中から，何時の日か，日本の，いや，世界の化学をリードする研究者が育ってくれたら筆者望外の幸せである．

　浅学非才の身で，思いばかり先走る結果，思わぬ誤解，誤謬があるのではないかと心配している．お気づきの点など，どうぞご指摘頂けたら大変有り難いことと存じる次第である．最後に，本シリーズ刊行に当たり，お世話を頂いた講談社サイエンティフィク，沢田静雄氏に深く感謝申し上げる．

　平成15年8月

齋藤勝裕

　参考にさせていただいた書名を上げ，感謝申し上げる．
P.A.Atkinns（千原秀昭，中村亘男訳），アトキンス物理化学，東京化学同人(1979)
名古屋工業大学化学教室編，基礎教養化学，学術図書出版社(1979)
G.C.Pimentel, R.D.Spratley（榊友彦訳），化学熱力学，東京化学同人(1977)
坪村宏，新物理化学，化学同人(1994)
関一彦，物理化学，岩波書店(1997)
小出力，読み物物理化学，裳華房(1996)
齊藤昊，はじめて学ぶ大学の物理化学，化学同人(1997)
菅宏，はじめての化学熱力学，岩波書店(1999)
妹尾学，辻井薫，界面活性の化学と応用，大日本図書(1995)
伊藤公一編，分子磁性，学会出版センター(1996)
齋藤勝裕，反応速度論，三共出版(1998)

第Ⅰ部 物質の運動

1章 物質はどんな状態と性質をとるのか

　化学は原子，分子を主な対象とする科学である．原子，分子の性質には酸性，反応性，融点，などいろいろある．これらの性質の中には，1個の分子でも示すことのできる性質もあれば，複数個の分子が集まって集合とならなければ示しえない性質もある．分解反応は原理的にたった1個の分子でも起こすことができる．しかし，たった1個の分子で融点を示すことはできない．融点は固体（結晶）という分子（原子）の集合体が液体という別種の集合体に変化するときの温度である．集合でなければ表しえない観測値である．

　物理化学では分子を集合体として扱うことが多い．分子の集合体には何種類もある．読者のなじみのものとしては，気体，液体，固体であろうが，そのほかにテレビやパソコンのモニターでおなじみの液晶もある．これら，気体，液体，固体（結晶）などを，その物質の状態という．

　物理化学の第1章として，物質の状態から見て行くことにしよう．

第1節 理想気体の理想的性質

　気体は分子が最も自由でいられる状態である．ほかの分子との距離は十分に離れており，影響を受けることは（ほとんど）ない．

1 理想気体の性質

　図 1-1 は**理想気体**の分子を表す．理想気体は現実に存在する気体ではなく，理論的に取り扱うためのモデルとして仮定された気体である．気体分子はすべて同じ大きさの完全な球体であり，衝突によって変形することのない剛体であり，互いに影響しあうことなく，勝手気ままな方向へ勝手な速度で飛び回っている．

　このように，たくさんの分子が自由な方向へ運動している場合には，どの方向への運動も同じ確率で起こることになる．すべての分子が意志を統一したように，全分子が右方向へ動く，ということはありえないということである．

　このような運動を特に**等方向的**な運動ということがある．

物質はどんな状態と性質をとるのか

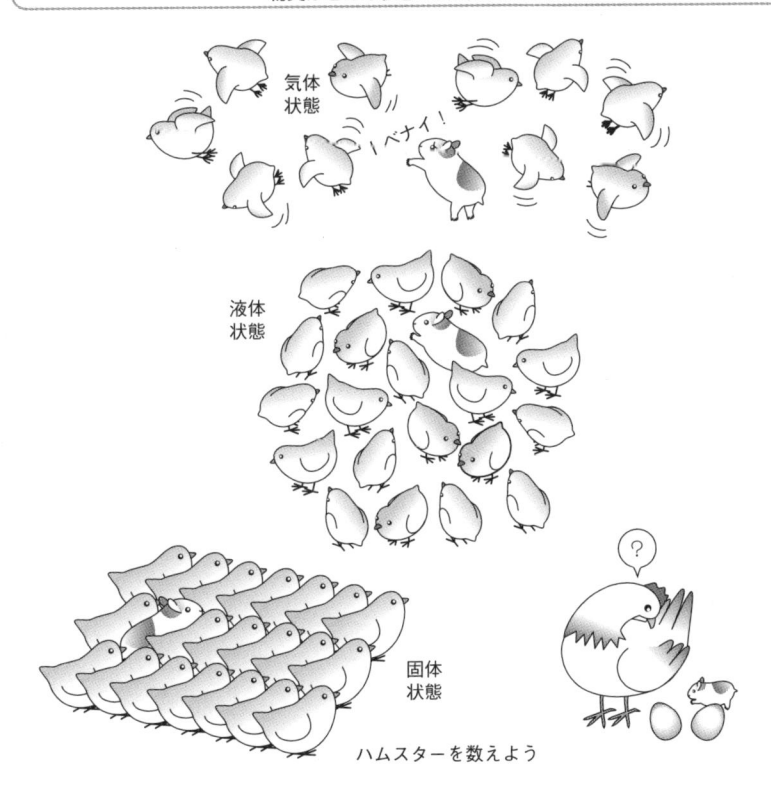

気体状態

イベナイ！

液体状態

固体状態

ハムスターを数えよう

理想気体の性質

理想気体

独立
球体
剛体
等方向的運動
同じ大きさ

図1-1

2 理想気体状態方程式

理想気体の性質を表す方程式，式 (1-1) を**理想気体状態方程式**あるいは単に**状態方程式**という．P, V はそれぞれ，圧力と体積であり，n はモル数，T は絶対温度，R は気体定数と呼ばれる定数である．なお，これらの記号は本書だけでなく，化学の全領域で共通に使われるものである．

　状態方程式は，温度（T）が一定であれば気体の圧力（P）と体積（V）の積（PV）は常に一定であることを表す．

ハム君が注意しているように，物理化学の基本的な公式の一つである．覚えるべき式の筆頭にくるものである．

3 定温条件

状態方程式から，温度一定の下での，体積の圧力による変化を求めたのが式 (1-2) である．温度（T）が一定であるから nRT を一定（k）とみなすことができる．したがって，体積（V）は圧力（P）に反比例しており，圧力が 2 倍になると体積は 1/2，圧力が 3 倍になれば体積は 1/3 となる．この関係をグラフに表したのが図 1-2 である．

このように，基本的な関係は式で覚えることもたいせつであるが，グラフや図にかいて，視覚的に，直感的に目と頭に刷り込むこともたいせつである．**化学では，デジタル思考よりアナログ思考のほうが考えやすいことがある．**

4 定圧条件

式 (1-3) は圧力を一定にした場合の体積と絶対温度の間の関係を表したものである．絶対温度が 2 倍になれば体積も 2 倍と両者の間には比例関係があることがわかる．この関係をグラフにしたのが図 1-3 である．

圧力一定の条件とは，要するに，普通の条件である．わたくしたちは通常，一定気圧（ほぼ 1 気圧）の下で生活しており，これが定圧条件である．ゴムボールを暖めれば膨張するし，冷やせば収縮する．これは圧力が一定だからである．

アライグマ君がいるピストンは，内部の圧力を厳密に一定にしているから，温度が上がると気体の体積が増え内部の圧力が高まる．そのため，圧力を一定に保つためにピストンが上がって体積を増やしているわけである．

理想気体状態方程式

基本ダヨ〜

$$PV = nRT \tag{1-1}$$

P：圧力, V：体積
n：モル数, T：絶対温度
R：気体定数 ($R = 8.31 \text{ JK}^{-1}\text{mol}^{-1}$)

（化学では気圧の単位を使った次の値がよく使われる）
$R = 0.0821 \text{ atm L K}^{-1}\text{mol}^{-1}$

定温条件

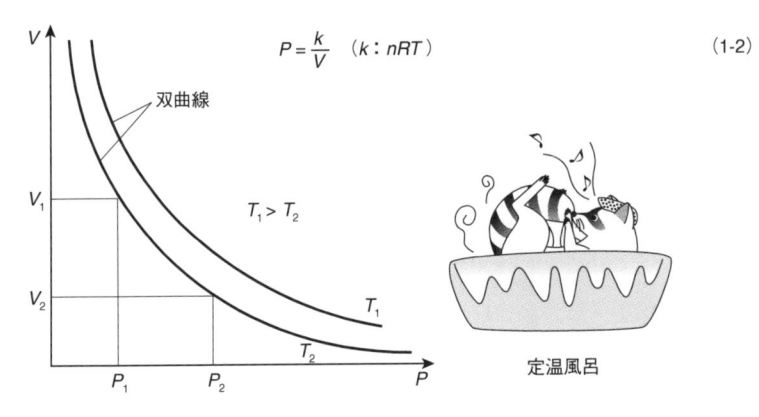

$$P = \frac{k}{V} \quad (k : nRT) \tag{1-2}$$

双曲線

$T_1 > T_2$

定温風呂

図1-2

定圧条件

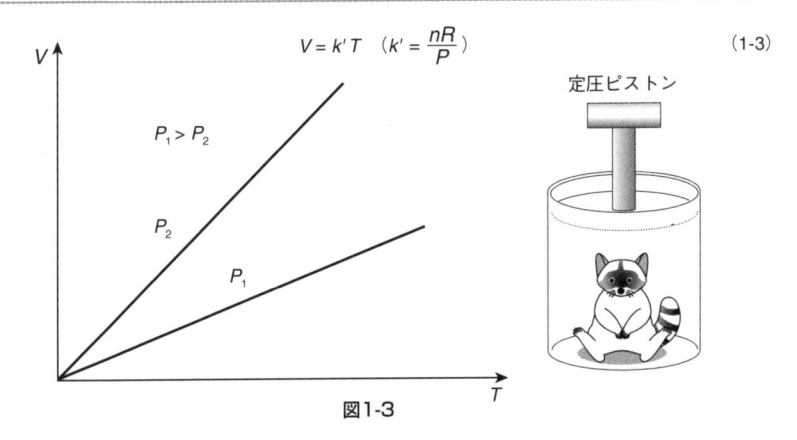

$$V = k'T \quad \left(k' = \frac{nR}{P}\right) \tag{1-3}$$

$P_1 > P_2$

定圧ピストン

図1-3

第1節◆理想気体の理想的性質

第2節 実在気体の実際の性質

理想気体はその名のとおり理想的な気体であり,理想的なものが現実には存在しないことは化学に限らず真実である.

身の回りの気体,酸素,窒素,水素,炭酸ガスのように実際に存在する気体を理想気体に対して実在気体と呼ぶ.実在気体を構成する分子どおしが作り出す状態を図1-4に表した.いろいろな形をし,さまざまな大きさで,それぞれ性質の違った分子が有限の距離で集まっている.ぶつかったらへこむかもしれないし,互いに引っ張ったり,反発したりしている.これらの結果が実在気体の性質に反映することになる.

1 $PV =$ 一定からのずれ

気体が理想気体なら,理想気体状態方程式 (1-1) から式 (1-4) の関係が導き出される.この関係を実際の気体を用いて実験によって確かめたものが図1-5のグラフである.理想気体なら,式からわかるように値は1であり,図に示したように,式の値は圧力にかかわらず一定のはずである.しかし,メタン (CH_4),窒素 (N_2),水素 (H_2),アンモニア (NH_3) の4種の分子,すべてが理想気体から大きくずれていることがわかる.

> **column** ノーベル賞
>
> 科学者にとって最も高い栄誉の一つはノーベル賞の受賞であろう.日本の化学界は2000年白川教授(筑波大学),2001年野依教授(名古屋大学),2002年田中博士((株)島津製作所)と3年連続して受賞者を出した.1981年の福井教授(京都大学)を入れると4人である.日本の化学研究の水準の高さを示すものといえよう.日本化学界は天然物研究にも伝統的な強みを発揮しており,また,最近は伝導性,磁性など,物性面の研究でも世界をリードしていることを考えると,これからも受賞者が輩出しても何ら不思議はない.
>
> 化学者の中にはノーベル賞を2回受賞した人もいる.物理学賞(1903年)と化学賞(1911年)を受賞したポーランドのキュリー夫人と,化学賞(1954年)と平和賞(1963年)を受賞した米国のポーリング教授である.2人とも,化学の世界だけに留まらない幅の広い人であったことをうかがわせる.

実在気体の実際の性質

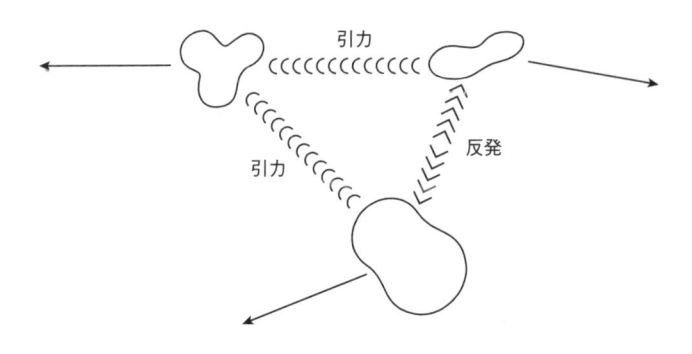

図1-4

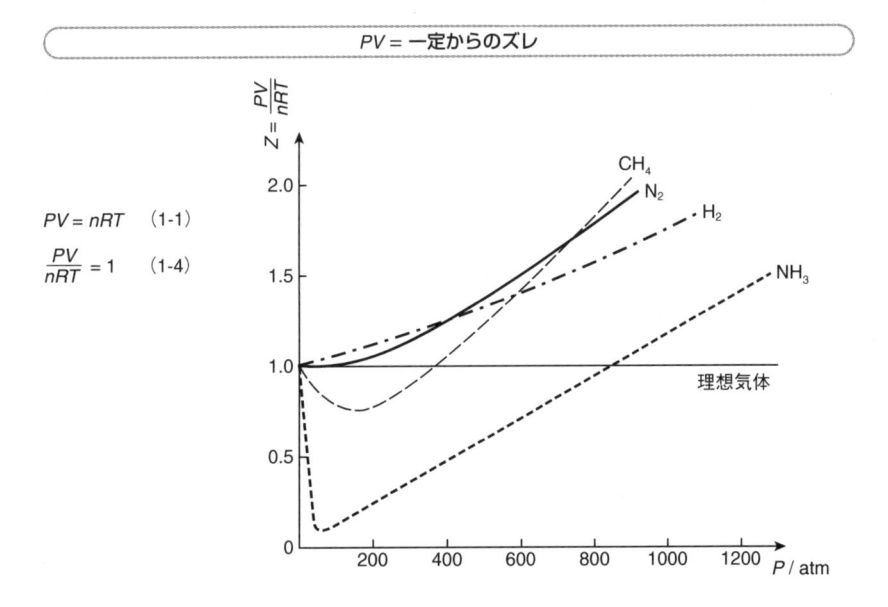

$PV = $ 一定からのズレ

$PV = nRT$ （1-1）

$\dfrac{PV}{nRT} = 1$ （1-4）

［鯉沼秀臣, 鳥羽山満, 物理化学・熱力学, p.73, 図 3.12, 昭晃堂 (1993)］

図1-5

2 実在気体の性質

理想気体と比較した場合の実在気体の性質を図 1-6 に示した．

理想気体と実在気体の違いは，まず分子に体積があることである．確かに，分子 1 個当りの体積は無視できるほどに小さいと考えてよいであろう．しかし，分子の数は天文学的に多い．1 mol の物質中には**アボガドロ数**の分子が存在する．アボガドロ数とは 6×10^{23} である．10^8 が億であり，10^{12} が兆である．無限大とはいわないが，10^{23} の大きさが察せられるではないか．

このように無数個に近い分子が集まった場合にはその体積の和は無視できないことになる．

次に分子間力である．圧力とは分子が壁にぶつかるときの運動量変化である．質量 m で速度 v の分子が，壁に垂直にぶつかって跳ね返った場合の運動量変化は $mv - (-mv) = 2mv$ である．しかし，実在分子ではそうは行かない．**水素結合**，**クーロン力**，**ファンデルワールス力**と，分子間にはいろいろの力が働いている．これらの力は壁に突進する分子の後ろ髪を引っ張る．すなわち，圧力を弱めるように働くことになる．

3 ファンデルワールスの状態方程式（実在気体方程式）

前項で考察した事情をすべて取り込んだ状態方程式が「**ファンデルワールスの状態方程式**」，あるいは「**実在気体方程式**」と呼ばれる式 (1-7) である．

ファンデルワールス（1837～1923）はオランダの物理学者であり，彼の発見にちなんで式にその名前がつけられている．

式 (1-5)，(1-6) において，V', P' はそれぞれ実在気体での体積と圧力であり，両式はこれに対して，実在気体としての補正を施したものである．すなわち，実在気体の動ける体積 V' は実体積 V から分子体積 nb を除いたもの（式 (1-5)）であり，実在気体の圧力 P' は実圧力 P に分子間引力 n^2a/V^2 を加えたもの（式 (1-6)）になる．式 (1-5) と (1-6) を理想気体状態方程式に代入すれば式 (1-7) となる．

表 1-1 に，各種の気体に対する補正項 a, b をあげておいた．

実在気体の性質

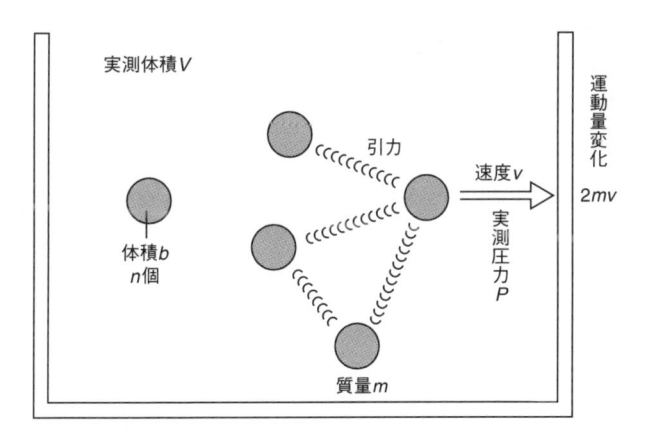

図中ラベル: 実測体積 V / 引力 / 速度 v / 実測圧力 P / 運動量変化 $2mv$ / 体積 b n個 / 質量 m

図1-6

ファンデルワールスの状態方程式（実在気体方程式）

1　分子の大きさ
　　実在気体の体積　$V' = V - nb$ 　　　　　　　　(1-5)

2　分子間力
　　実在気体の圧力　$P' = P + \dfrac{n^2 a}{V^2}$ 　　　　　　　　(1-6)

$$\left(P + \dfrac{n^2 a}{V^2}\right)(V - nb) = nRT \quad (1\text{-}7)$$

結論デース

ファンデルワールス定数		He	H_2	O_2	CO_2
	$\dfrac{a}{\text{cm}^6\,\text{Pa}\,\text{mol}^{-2}}$	0.035	0.247	1.38	3.64
	$\dfrac{b}{\text{cm}^3\,\text{mol}^{-1}}$	23.7	26.6	31.8	42.7

表1-1

第3節 液体の性質

　水は気体（蒸気），液体（水），固体（氷）の3態をとる．われわれが飲むのは液体の水であり，家庭で使う水もお風呂にしろ洗濯にしろ，液体である．生物の活動も液体の水の下で初めて成り立つようにできている．
　化学反応は液体中で起こることが多い．液体状体は化学反応，さらには生命活動に都合よい場を与えてくれるのである．

1 液体の性質

　液体と気体の違いは分子間距離である．液体では分子が近寄って互いに引き合っている．そのため，各分子は互いに離れることができず，また近寄りすぎると電子雲の反発が生じる，ということで，液体では体積変化が起きにくい．

2 蒸 発

　気体と同様，液体でも**温度が上がると分子の運動は激しくなり，ついには周りの分子の引力を振り切って空中へ飛び出すことになる．これが蒸発という現象である**．どのような温度においても，液体分子はある割合で液体から空中へ飛び出していて，**この飛び出した分子が示す圧力が蒸気圧といわれるものである**．図1-8は各温度における蒸気圧変化を表したものである．温度が上がると蒸気圧が上がり，そしてついには**蒸気圧が大気圧に等しくなる．このときの温度が沸点ということになる**．
　図1-9の曲線はアルカンと呼ばれる有機物の沸点を表したものである．アルカンは分子式 C_nH_{2n+2} であり，n が1増えると分子量としては CH_2 すなわち14増えることになる．分子量と沸点の間によい相関のあることがわかる．分子量の大きい分子ほど空中へ飛び出すために大きいエネルギー（高い温度）を必要とすることがわかる．
　図に水の沸点を示した．アルカンの曲線から大きく外れていることがわかる．この図から水の分子量を求めると約100となり，水の実際の分子量18と大きく異なる．これは水が1分子としては行動していないことを示すものである．水は何分子かがまとまってグループとして行動しているのである．このような現象を**会合**という．

液体の性質

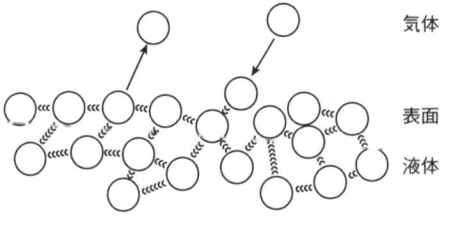

図1-7

蒸 発

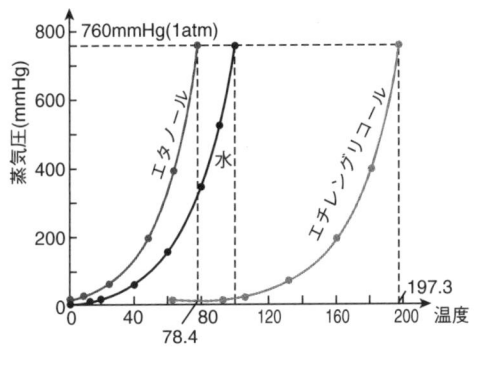

図1-8

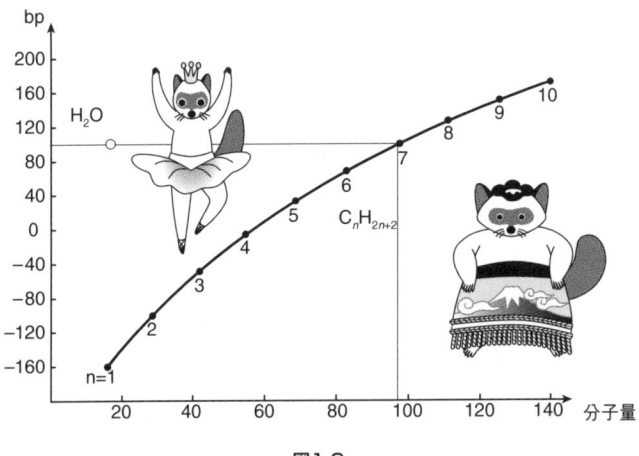

図1-9

第4節 固体の性質

　ここで固体というのは結晶と同じ意味である．固体中では各分子は所定の位置にほぼ固定されていることから，分子間の衝突の可能性はほとんどなく，それだけに分子間反応は起きにくい．しかし，最近，結晶中の特定の分子配列を利用した反応や，あるいは物性面で，有機超伝導体，有機磁性体の研究などから注目を集めるようになってきた．

1 固体の構造

　固体には大きく分けて，**金属結晶**，**イオン結晶**，**分子結晶**がある．

　金属結晶は各種金属元素の結晶であり，結晶を構成する原子が球状であり，1種類に限られることに特色がある．限られた空間中に，できるだけたくさんの原子が詰まるように配列されることが多い．図 1-10 に示したのは六方最密充填といわれる詰まり方であり，空間の 74 %までを原子の体積が占めることができる．

　イオン結晶は塩化ナトリウムなどのイオン結合でできた分子が作る結晶であり，何種類かの大きさの異なるイオンからなる結晶である．

　分子結晶は有機物分子などが作る結晶であり，分子の形は複雑であったり，何種類もの分子が混じることがあり，そのため，複雑な結晶となることが多い．図にベンゼン−Cl_2 の結晶構造のステレオ図を示しておいた．3D の要領で立体的に見ることができる．

2 融　解

　結晶は加熱すると融解する．この温度を融点という．融点を過ぎると結晶は液体になるが，中には液体にならない結晶もある．結晶と違って流動性はあるのだが，不透明な状態である．このような結晶と液体の中間にある状態を**液晶**状態と呼ぶ．図 1-11A である．液晶をさらに熱するとやがて透明な液体になる．この透明になる温度を**透明点**と呼ぶ．似たような現象は図 B でも観察される．この場合には結晶と液体の中間状態を**柔軟性結晶**と呼び，液晶と区別している．柔軟性結晶を与えるものにはメタン (CH_4)，四塩化炭素 (CCl_4) やネオペンタン ($C(CH_3)_4$) など，球形の形をした分子が多い．

固体の構造

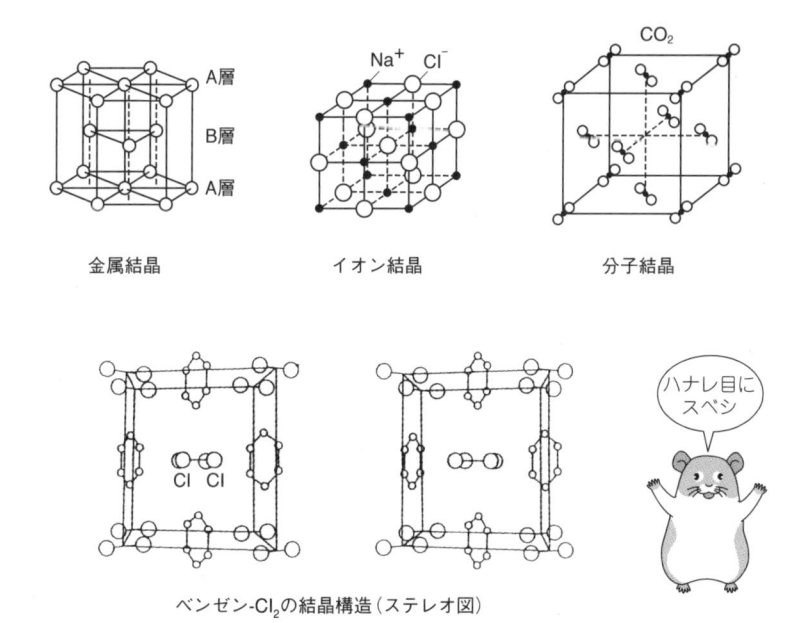

金属結晶　　　イオン結晶　　　分子結晶

ベンゼン-Cl_2の結晶構造（ステレオ図）

ハナレ目にスペシ

［下図：日本化学会 編, 化学便覧基礎編 改訂3版Ⅱ, p.705, 図 13, 丸善 (1984)］

図1-10

融　解

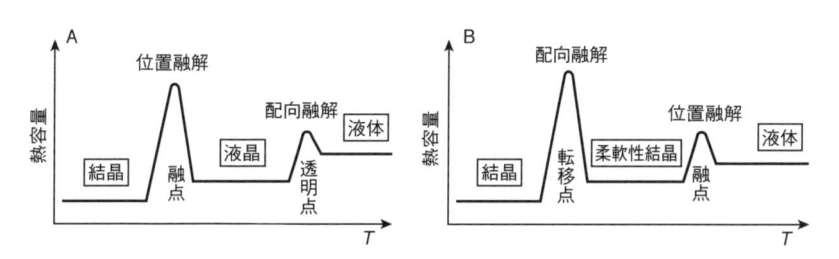

A：結晶 → 融点（位置融解）→ 液晶 → 透明点（配向融解）→ 液体

B：結晶 → 転移点（配向融解）→ 柔軟性結晶 → 融点（位置融解）→ 液体

（縦軸：熱容量、横軸：T）

［齋藤勝裕, 超分子化学の基礎, p.57, 図 1, 化学同人 (2001)］

図1-11

第5節 液晶は液体と結晶の中間

結晶を加熱すると液体になる前に，液晶状態や柔軟性結晶状態をとるものがあることを説明した．液晶は 1888 年にライニッツァーによって発見された現象であるが，現在，液晶ディスプレイとして欠かせないものになっている．

1 液晶の性質

表 1-2 に結晶，柔軟性結晶，液晶，液体の特色をまとめた．位置とは分子の占める位置であるが，**配向**は分子の向く方向である．液晶状態をとる分子はたいていの場合，長い分子が多く，それだけに，分子の向く方向がたいせつになる．

結晶は位置も配向もきっちりと固定された状態であり，液体は両者とも自由な状態である．液晶と柔軟性結晶は位置か配向かどちらかが固定された状態である．液晶は位置が自由で配向が固定された状態のことである．この，**配向が固定されている，ということが液晶の大きな性質である**．

2 液晶の種類

液晶の主な種類を図 1-12 に示した．

表 1-2 から期待される液晶の構造は**ネマチック液晶**であろう．ここでは液晶分子の位置はまったく自由であり，方向だけが制約されている．その意味で最も液晶らしい液晶といえるだろう．

スメクチック液晶は位置に若干の制約がある．それは分子が層構造を作るということである．ただし，その層の中であれば，後はどのような位置をとろうと自由である．

コレステリック液晶は変わっている．この液晶では分子はらせんを描いて重なる．その意味では位置も配向もかなり制約を受けているといえるだろう．しかも，重なった分子が互いに何度の角度（ピッチ）を保つかまで決められている．ただし，この角度は温度によって変化する．コレステロールが作る液晶で発見された性質なのでこの名前がついた．

ディスコチック液晶は円盤状の分子からなる液晶である．図に示したとおり円盤状の分子がレンガを積むように積み重なっている．円盤状の分子構造は主にベンゼン環（六角平面形は円盤形に近い）を利用して構築される．

液晶の性質

状態		結晶	柔軟性結晶	液晶	液体
規則性	位置	○	○	×	×
	配向	○	×	○	×
配列模式図					

表1-2

液晶の種類

配列状態		配列状態	
ネマチック		コレステリック	
スメクチック		ディスコチック	

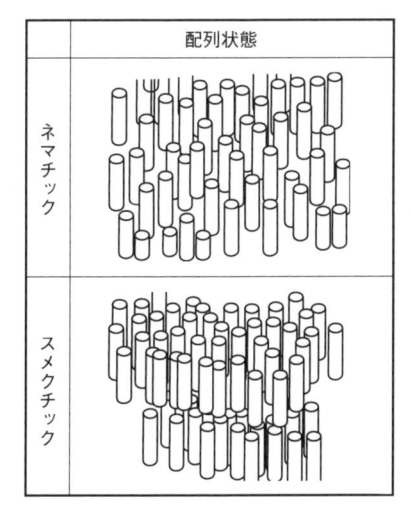

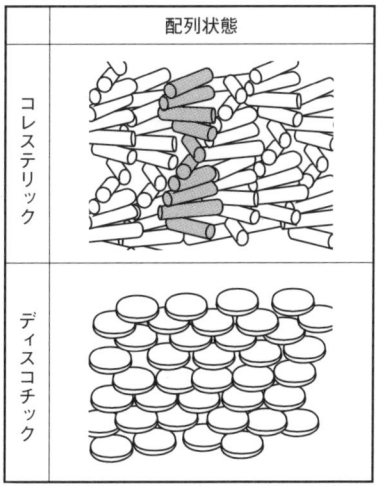

図1-12

2章 気体分子の運動を見る

　分子は置物のようにじっとして動かないものでは決してない．分子はハムスターのように常に動いている．寝ているときのハムスターだって，生き物であるからには動いている．まったく同様に，分子はどのような状態にあっても動いている．結晶を構成する分子も動いている．結晶状態では位置が決まっているだけである．場合によると，その位置も重心の位置が決まっているだけのことすらある．球形に近い分子は結晶状態でも回転運動をしていることがある．結合距離の伸縮や結合角度の変化は当然のことである．

　液体や液晶状態の分子は常に動きまわっている．互いに位置を入れ替えて，あっちこっちと並進運動している．

　気体を構成する分子は激しく動きまわっている．気体分子がどのように運動するのか，それを明らかにしようとする研究を気体分子運動論という．この章では気体分子運動論を見てみることにしよう．ここで扱う分子は物理で扱う剛体モデルである．したがって，この章の話は化学というより物理に近いものかもしれない．しかし，気体の圧力，気体分子の運動速度など，反応速度に関する基礎的な知見を得るためには欠かせない話である．

第1節 動く分子の運動量

　図 2-1 は体積 V の箱に入った分子の運動を表したものである．

　分子の質量を m, 分子量を M, 速度を v, アボガドロ数を N, モル数を n としよう．1 mol の分子の質量が分子量 M だから，M は分子 1 個の質量 m にアボガドロ数 N を掛けたものになる（式 (2-1)）．全分子の数はモル数にアボガドロ数を掛ければよい（式 (2-2)）．したがって単位体積当りの分子数は式 (2-3) で与えられるが，これは密度，あるいは濃度と同じことである．

　運動するからには分子といえども運動量を持つ．それは物理の法則に従って式 (2-4) となる．したがって，1 mol の分子の運動量は分子量を使って式 (2-5) で表されることになる．

　すなわち，気体分子は運動量 mv を持って運動し，分子どうしが互いに衝突したり壁にぶつかって跳ね返ったりしているのである．

気体分子の運動を見る

動く分子の運動量

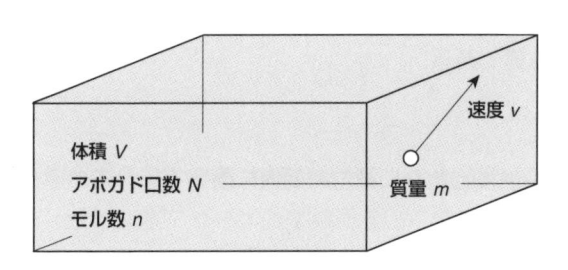

図2-1

分子量	$M = mN$	(2-1)
全分子数	nN	(2-2)
単位体積当たりの分子数（密度, 濃度）	$\dfrac{nN}{V}$	(2-3)
1分子当たりの運動量	mv	(2-4)
1モルの分子の運動量	$Nmv = Mv$	(2-5)

第1節◆動く分子の運動量

第2節 圧力は分子の衝突

　真空とは何もない状態のことであり，真空の圧力は 0 である．その真空の箱に気体を入れるととたんに圧力が生じる．すなわち，圧力とは，気体分子が箱の壁を押す力のことである．

　箱に 1 L の気体を入れたときの圧力に比べ，気体を 2 L 入れたときの圧力は 2 倍になる．これは 2 倍の数の分子が壁を押しているからである．また温度を上げると圧力は高まる．これは分子が壁を押す力が強くなったからである．

1 運動量変化

　図 2-2 に示した分子の運動量を考えてみよう．

　分子は運動量 mv を持って動きまわっている．今，分子の x 軸方向の速度を v_x とし，yz 軸上にある壁，すなわち，x 軸に垂直な壁にぶつかるときの運動量変化を考えてみよう．

　運動量 mv_x を持って壁に垂直に衝突した分子は垂直に跳ね返る．このとき速度は逆向きになるので（$-v_x$）衝突後の運動量は $-mv_x$ となる．すなわち，衝突に伴う運動量変化は $2mv_x$ となる（式 (2-6)）．この，**分子の衝突に伴う運動量変化が圧力の本質である**．

2 圧 力

　圧力とは，単位面積当たりに単位時間内に衝突する分子の運動量の変化量のことである．単位体積当たりの分子数は式 (2-3) で表された．単位時間当たりに壁に衝突する分子数は式 (2-3) に速度を掛けたもので，式 (2-7) で表される．ただし，x 軸上の壁は前後 2 枚あるので，圧力を求めるときには半分にする必要がある．

　以上から，圧力は式 (2-6) と (2-7) の積で表されることになる．実際に計算し，分子量を表す式 (2-1) に注意すると式 (2-8) となる．

　すなわち，式 (2-8) が x 軸に垂直な壁が受ける圧力である．

運動量変化

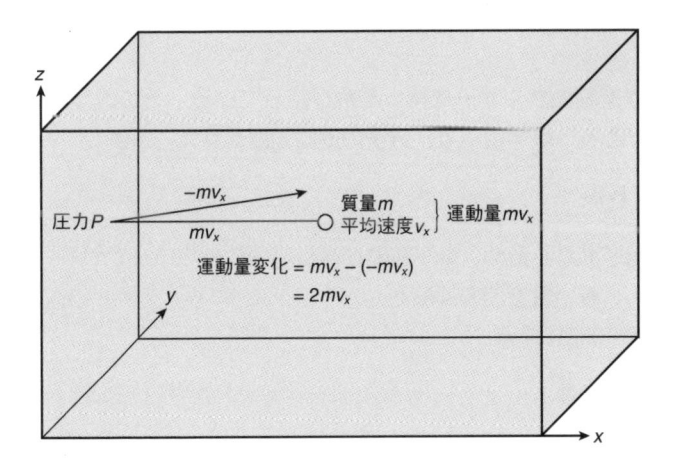

図2-2での概念図：質量 m、平均速度 v_x の分子が壁に衝突し、mv_x から $-mv_x$ に変化する。

運動量変化 $= mv_x - (-mv_x) = 2mv_x$

圧 力

圧力＝単位時間中の単位面積当たりの運動量変化

　１回の衝突による運動量変化　　　　　　　　　　　(2-6)

　　　$2mv_x$

　　　単位体積当たりの分子数　　　　　　　　　　　(2-3)

　　　$\dfrac{nN}{V}$

　　　単位時間中に壁の単位面積に衝突する分子数　　(2-7)

　　　$\dfrac{1}{2}\dfrac{nN}{V}v_x$

　　　（分子は右向き，左向きが同数存在する）

圧力

$P = (2mv_x) \times \left(\dfrac{1}{2}\dfrac{nN}{V}v_x\right)$

　$= n\dfrac{mN}{V}v_x^2$　　　($mN = M$だから)

　$= n\dfrac{M}{V}v_x^2$　　　　　　　　　　　　　　(2-8)

> 注意シテネ

第3節 分子の動く速度

　気体分子は運動エネルギーを持って飛び回っている．その速度はどれくらいのものなのであろうか．ここで，分子の運動速度を考えてみよう．

1 速度ベクトル

　分子の運動を考えるため，分子運動を直交座標に割りふってやる．速度を C，x 軸，y 軸，z 軸，各方向の速度を v_x, v_y, v_z とすると，各々の速度の間には図 2-3 の関係が成立する．

2 根平均二乗速度

　速度 C と成分 v_x, v_y, v_z の間には式 (2-9) が成立する．われわれが考えている系では分子はほとんど無数に近い数だけ存在し，しかも各分子はまったく勝手気ままな方向へ運動している．したがって，全分子の各方向への速度平均はすべて等しいと考えることができ，式 (2-10) が成り立つことになる．
　式 (2-10) を (2-8) へ代入すると式 (2-11) になる．
　式 (2-11) の両辺に体積 V を掛け，理想気体状態方程式と比較すると式 (2-12) になる．ここから，速度 C を求めると式 (2-13) になる．
　C は一般に**根平均二乗速度**と呼ばれ，**分子速度の二乗を平均したものであるのでエネルギーの計算に用いられる**速度である．

3 速度に影響するもの

　式 (2-13) は分子運動の速度が温度や，分子の重さによって影響を受けることを示している．
　常温での水素分子の速度は時速 4900 km とジェット機なみの速度であるが，式 (2-13) より速度は分子量のルートに反比例することがわかる．この関係を表したのが図 2-4 のグラフである．**分子量が大きくなると速度は急激に遅くなる**ことがわかる．
　速度はまた，絶対温度のルートに比例することがわかる．これは，温度が 0 ℃から 100 ℃に上がっても速度は 1.17 倍になるにすぎないことを示す．影響は意外と小さい．この関係をグラフにしたものが図 2-5 である．

速度ベクトル

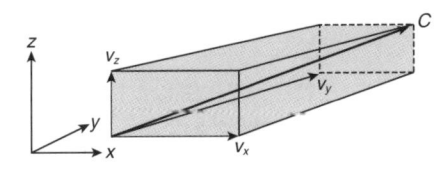

$$C^2 = v_x^2 + v_y^2 + v_z^2 \tag{2-9}$$

$$v_x = v_y = v_z \tag{2-10}$$

（分子運動は等方向的だから）

図2-3

根平均二乗速度

$$P = n\frac{M}{V}\frac{1}{3}C^2 \tag{2-11}$$

気体方程式と比較すると

$$PV = \frac{1}{3}nMC^2 \tag{2-12}$$

$$= nRT$$

$$C^2 = \frac{3RT}{M}$$

$$\boxed{C = \left(\frac{3RT}{M}\right)^{1/2}} \tag{2-13}$$

注目！

速度に影響するもの

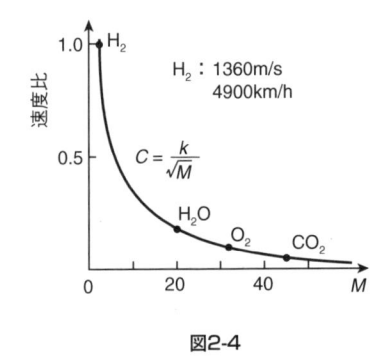

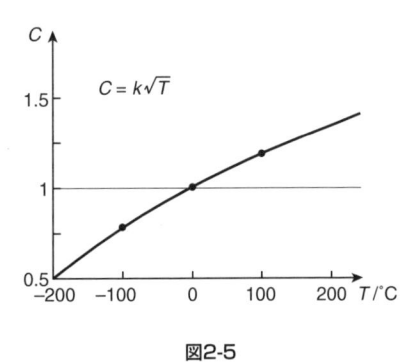

図2-4　H$_2$：1360m/s　4900km/h　$C = \dfrac{k}{\sqrt{M}}$

図2-5　$C = k\sqrt{T}$

第4節 分子の運動エネルギー

　動いている物質は運動エネルギーを持つ．これは分子に関しても同様である．分子の持つ運動エネルギーには，移動に伴う並進運動エネルギー，回転に伴う回転エネルギー，振動に伴う振動エネルギーがあるが，ここでは並進運動エネルギーについて考えてみよう．

1 3種の速度

　前節で根平均二乗速度 C を求めた．C は分子のエネルギー計算に用いられるものであった．分子の速度としてはそのほかに**最大確率速度** v_P と**平均速度** $\overline{C}$ が定義されている．最大確率速度は，その速度で飛び回っている分子の数がいちばん多い速度であり，平均速度は全分子の速度を単純平均したものである．それぞれ式 (2-14) から (2-16) で定義され，各々の関係は図 2-6 に示される．

2 並進運動エネルギー

　質量 m の物質が速度 v で動くときの運動エネルギーは $mv^2/2$ で与えられる．まったく同様に，質量 M で速度 C の分子の運動エネルギーは式 (2-17) で与えられ，整理すると式 (2-18) となる．ただし，M は分子量であり，分子量は 1 mol の分子の質量であるから，式 (2-18) は分子 1 モル当たりの運動エネルギーである．

　この式には変数として絶対温度 T しか入っていない．これは非常に大きな意味を持つ．すなわち，分子の持つ運動エネルギーは分子の種類に関係なく，どんな分子であれ，すべて同じだというわけである．

　その値は常温で 3.7 kJ/mol である．これは記憶していてよい値である．

　運動エネルギーは質量に比例し，速度の二乗に比例する．ところが分子の速度は分子の質量が 2 倍になると $1/\sqrt{2}$ になる．したがって運動エネルギーとしては質量の項で 2 倍になっても速度の二乗の項で半分になり，結局，同じだということなのである．

　並進運動は x, y, z の 3 軸方向の成分で表され，分子運動は等方向的であることを考慮すると，各方向の運動エネルギーは式 (2-19) で表されることになる．これを **1 自由度当たりの運動エネルギー**と呼ぶ．

3種の速度

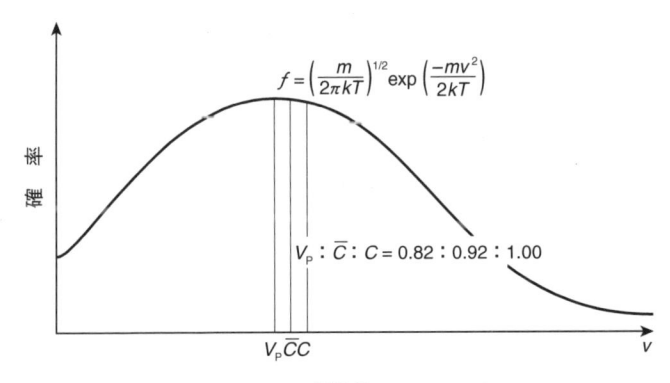

$$f = \left(\frac{m}{2\pi kT}\right)^{1/2} \exp\left(\frac{-mv^2}{2kT}\right)$$

$V_P : \overline{C} : C = 0.82 : 0.92 : 1.00$

図2-6

最大確率速度　　$V_P = \left(\dfrac{2RT}{M}\right)^{1/2}$ 　　　(2-14)

根平均二乗速度　$C = \left(\dfrac{3RT}{M}\right)^{1/2}$ 　　　(2-15)

平均速度　　　　$\overline{C} = \left(\dfrac{8RT}{\pi M}\right)^{1/2}$ 　　　(2-16)

並進運動エネルギー

1モル当り

$E = \dfrac{1}{2} MC^2$

$= \dfrac{1}{2} M \left(\dfrac{3RT}{M}\right)^{\frac{1}{2} \times 2}$ 　　(2-17)

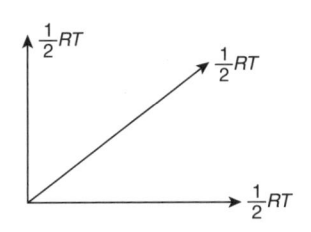

$$E = \frac{3}{2} RT \qquad (2\text{-}18)$$

（室温 $\dfrac{3}{2} \times 8.3 \times 300 = 3.7$ kJ/mol）

1自由度当たり　$E = \dfrac{1}{2} RT$ 　　(2-19)

図2-7

第5節 分子間の衝突

　複数の物体が無秩序に動きまわれば衝突が起きるのは当然である．東京の街中で信号機がなくなったようなものである．自動車の衝突はあまりよい結果はもたらさないが，分子，原子の衝突は化学反応の原動力である．分子が自分自身で変身する一分子反応を除けば，化学反応は分子どうしの衝突によって起こる．ここでは分子の衝突について考えてみよう．

1 分子1個の衝突頻度

　単位時間内で単位体積内に何回の衝突が起こるかを表したものを衝突頻度という．また，ある分子が単位時間内に何個の分子と衝突するかを表したものを分子1個の衝突頻度という．ここで，この後者を求めてみよう．

　分子の直径を d とすると，2分子が衝突するかしないかは，両分子の中心間距離が d より大きいか小さいかにかかっていることになる．図2-8を見てみよう．ある分子（斜線を施した分子）が単位時間内に衝突する分子の数は図の円筒内にある分子の数に等しいことがわかる．円筒の半径は d，長さは単位時間内に移動する距離，すなわち**平均速度** $\overline{C}$ である．

　円筒の体積は式 (2-20) で与えられ，分子の密度は式 (2-3) で与えられるから，したがって，斜線分子の衝突頻度 Z_A は式 (2-22) で与えられることになる．ここで密度（式 (2-3)）は濃度と同じであることに注意しておいてほしい．これは次章，第3章の反応速度でたいせつな意味を持つことになる．

2 衝突頻度の変化

　式 (2-22) は衝突頻度が温度一定ならば圧力に比例し，圧力一定ならば温度のルートに反比例することを表している．この関係を図示したものが図2-9と2-10である．圧力が高くなれば分子密度は大きくなるから衝突が起こりやすくなるのは当然である．

　温度が高くなったときに衝突が起こりにくくなるのは一見不思議に思えるが，これは圧力一定の条件下である．圧力を一定にして温度を上げれば体積は大きくなる（$V = P/nRT$）．したがって，分子の密度は下がることになるのである．衝突は起こりにくくなるはずである．

分子間の衝突

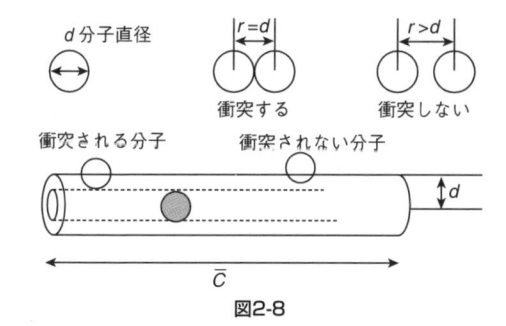

図2-8

分子1個の衝突頻度

円筒体積　$\pi d^2 \bar{C}$ (2-20)

個数密度　$\dfrac{nN}{V} = [A]$　濃度 (2-3)

衝突頻度

$$Z_A = (\pi d^2 \bar{C}) \times \left(\dfrac{nN}{V}\right) \quad (2\text{-}21)$$

$$= \pi d^2 \bar{C} \dfrac{PnN}{nRT} \quad \left(PV = nRT \quad V = \dfrac{nRT}{P} \text{を代入}\right)$$

$$= \left(\pi d^2 \bar{C} \dfrac{N}{R}\right) \dfrac{P}{T}$$

$$= \left(\sqrt{\pi} d^2 \dfrac{2\sqrt{2}N}{\sqrt{MR}}\right) \dfrac{P}{\sqrt{T}} \quad \left(\bar{C} = \left(\dfrac{8RT}{\pi M}\right)^{1/2} \text{を代入}\right) \quad (2\text{-}22)$$

衝突頻度の変化

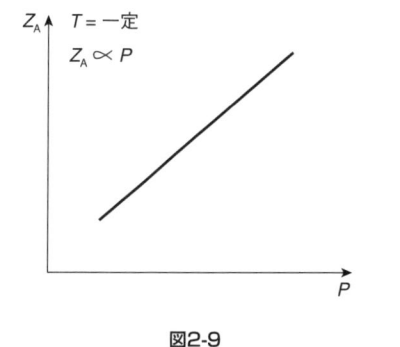

図2-9　$T = $ 一定　$Z_A \propto P$

図2-10　$P = $ 一定　$Z_A \propto \dfrac{1}{\sqrt{T}}$

第6節 衝突の回数

単位体積の中で，何回の衝突が起きるかを表す値を衝突頻度 Z_{AA} という．

前項で分子1個当たりの衝突頻度 Z_A (式(2-21)) を求めたので，それを元に，単位体積当たりの衝突頻度 Z_{AA} を求めてみよう．

方針としては単純明快である．単位体積内にある分子の個数（密度，式(2-3)）に分子1個当たりの衝突頻度 Z_A を掛ければよい．

注意しなければならないのは，衝突回数の数え方である．分子 A と B とが衝突したとき，衝突の回数は1回である．ところが，先に考えた数え方では，A, B 各々で数えているので，A で1回，B で1回，合計2回の衝突として数えられていることである．そこで，衝突回数を半分にする必要が出てくることになる．

以上の注意を払って計算した結果が式 (2-24) である．たいせつなことは分子密度，すなわち濃度の二乗に比例していることである．この関係を表したのが図 2-11 である．このことは次章，反応速度論でもう一度論議する．

column　根平均二乗速度と平均速度

根平均二乗速度 C と平均速度 $\overline{C}$. いったいどのように違うのか，もう一つ，わかりにくいのではなかろうか．今三つの速度を $v_1 = 1$, $v_2 = 2$, $v_3 = 3$ として，両者を実際に計算して比較してみよう．

平均速度は単純に三つの速度を平均したものである．
$\overline{C} = (v_1 + v_2 + v_3)/3 = (1 + 2 + 3)/3 = 6/3 = 2$

根平均二乗速度は，各速度を二乗した値の平均値のルートである．
$C = ((v_1^2 + v_2^2 + v_3^2)/3)^{1/2} = ((1 + 4 + 9)/3)^{1/2} = (14/3)^{1/2} = 2.16$

計算の結果は上のようになって，両者が明らかに異なる値を与えることがわかる．

平均速度は速度の平均であり，すべての分子の速度の平均値である．それに対して，根平均二乗速度はエネルギーの平均から出た値である．すなわち，分子の持つ運動エネルギーの平均値を与える運動速度のことである．

分子のエネルギーに関した計算を行う場合の分子運動速度は，根平均二乗速度を用いなければならない理由である．

単位体積当たりの衝突頻度

Ⓐ ←→ Ⓐ
左が1回衝突　　右も1回衝突
count1　　　　count1

「1count + 1count = 1count ?」

実際の衝突は1回しかおきていない
単位体積当たりの衝突頻度

$$Z_{AA} = \frac{1}{2} \frac{nN}{V} Z_A$$
$$= \frac{1}{2} \left(\pi d^2 \bar{C} \right) \times \left(\frac{nN}{V} \right)^2 \quad (2\text{-}23)$$

$$\boxed{Z_{AA} = \left(\frac{1}{2} \pi d^2 \bar{C} \right) \times [A]^2} \quad (2\text{-}24)$$

衝突頻度と濃度

$Z_{AA} = k[A]^2$

濃度の二乗に比例シマース

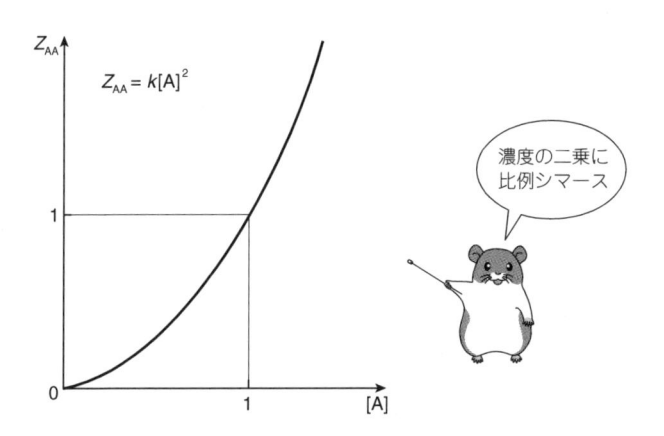

図2-11

第3章 反応の速度から何がわかるか

　空気中に置いた鉄はいつか酸化されてさびるが，さびて真っ赤になるにはかなりの日数がかかる．ガソリンに火をつければ爆発する．爆発は酸化反応であり，非常に短時間で起こるものである．このように，同じ酸化反応でも何日も何ヶ月もかかる反応もあれば，瞬時に終了する反応もある．これは反応の速度が速かったり遅かったりするからである．

　反応速度論はこのような化学反応の速度を測定し，それを元に反応のエネルギー関係や反応機構を検討する方法である．

第1節 反応にも速度がある

　反応速度は反応の速さである．反応速度はいろいろの条件によって変化する．一般に温度を上げると速度は速くなる．しかし，温度を 10 ℃上げると速度が 2 倍になるものもあれば 4 倍になるものもあるし，中にはかえって遅くなるものもある．これは各反応の反応機構が異なっているからである．反応にはいろいろの種類があり，それに伴って反応速度にも各種のものが知られている．

1 反応と濃度

　反応速度は出発物質の減少速度あるいは生成物の増加速度を測ることによって求めることができる．一般には濃度の変化を測定することになる．

　反応 1 は出発物質 A が生成物 B に変化する反応である．反応はこのように進行する方向に矢印をつけて表す．A，B の濃度をそれぞれカギカッコをつけて [A]，[B] で表す．反応を開始したとき（$t = 0$）はまだ A は変化していない．このときの A の濃度を $[A]_0$ で表し，**初濃度**と呼ぶ．ある時間 t がたったとき，A の x 量が B に変化したとすると，そのときの A，B の濃度はそれぞれ図 3-1 で表した量になる．

　この濃度の変化をグラフにしたのが図 3-1 である．時間がたつとともに A は B に変化するので A の濃度 [A] は減少し，それに伴って [B] の濃度が増加する．そして，どの時点でも両者の濃度を足したもの（[A] + [B]）は A の初濃度 $[A]_0$ に等しくなるはずである．

反応の速度から何がわかるか

反応と濃度

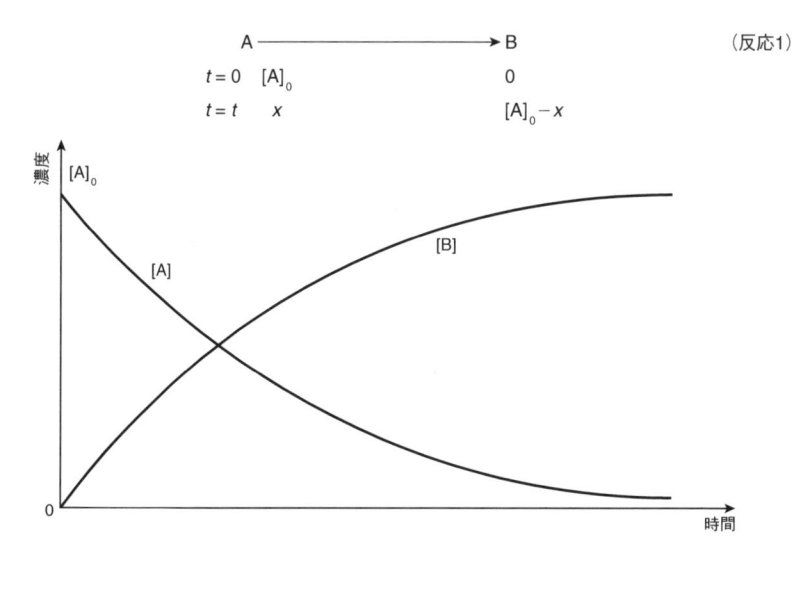

$$A \longrightarrow B \quad \text{(反応1)}$$

$t = 0 \quad [A]_0 \qquad\qquad 0$

$t = t \quad x \qquad\qquad [A]_0 - x$

図3-1

2 反応速度の大小

　二つの化学反応 2 と 3 において，出発物質を A とする反応 2 は速い反応であり，C を出発物質とする反応 3 は遅い反応であるとしよう．矢印の上に書いた k は**反応速度定数**と呼ばれ，**反応速度**を表す数値である．**k が大きければ反応は速く進行し，k が小さければ反応は遅い**．したがって反応 2 の k は大きく，反応 3 の k は小さいとしてある．

　反応速度の大小を視覚的に表したものが図 3-2 のグラフである．グラフはそれぞれの出発物質 A と C の濃度変化を表す．A と C の濃度減少の度合いを比較すると A のほうが速く減少している．これは反応 2 が 3 よりも速い反応であることに対応している．

　もし，生成物 B と D についてグラフを書けば B の濃度は早く上昇し，C の濃度の上昇は遅くなっているはずである．

3 平衡反応

　反応 4 は可逆反応である．**可逆反応とは反応が正逆どちらの方向にも進行できる反応のことをいう**．すなわち，出発物質 A は生成物 B に変化する（正反応）が，B はまた A に戻る（逆反応）．可逆反応は互いに反対を向いた 2 本の矢印で表す．

　反応が開始されれば A の濃度は時間とともに減少し，B はそれに伴って増加する．しかし，やがて B は A に戻り，結局，**一定時間の後には A, B それぞれの濃度は一定となる．これが平衡状態といわれる状態であり，このような可逆反応を平衡反応ともいう．**

　反応速度定数 k は正逆両反応に対して存在し，一般にその大きさは異なる．今正反応の速度定数 k が逆反応のもの k' より 2 倍大きかったと仮定しよう．これは A が B に変化する速度は B が A に変化する速度の 2 倍だということであり，結局，平衡状態に達したときの A と B の濃度は B のほうが A の 2 倍だということになる．このように，**平衡状態での A と B の濃度比は反応速度定数の比になっている．**

反応速度の大小

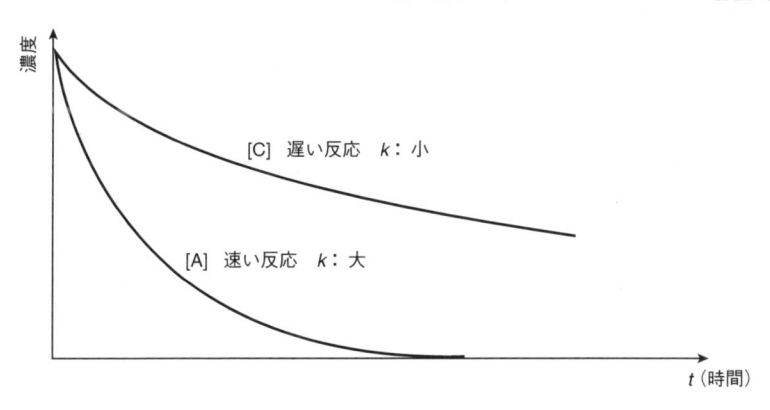

$$A \xrightarrow{k} B \quad 速い反応 \quad k大 \quad (反応2)$$
$$C \xrightarrow{k} D \quad 遅い反応 \quad k小 \quad (反応3)$$

図3-2

平衡反応

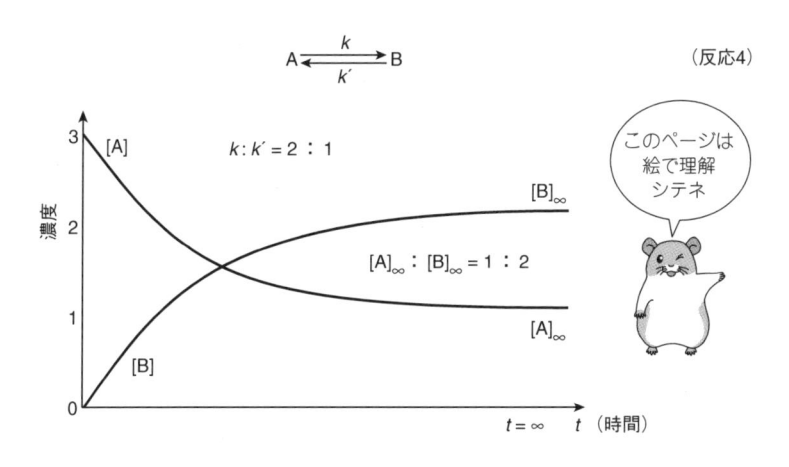

$$A \underset{k'}{\overset{k}{\rightleftarrows}} B \quad (反応4)$$

$k : k' = 2 : 1$

$[A]_\infty : [B]_\infty = 1 : 2$

このページは絵で理解シテネ

図3-3

第2節 一分子反応と二分子反応

　化学反応にはいろいろな種類があるが，代表的なものに 1 個の分子が自分自身でいわば勝手に変化する反応と，2 個の分子が衝突することによって進行する反応とがある．前者を一分子反応，後者を二分子反応という．反応速度が式 (3-1), (3-2) に従うものをそれぞれ一次反応，二次反応という．

1 反応速度式

　反応 5 は**一分子反応**であり，その反応速度 v は式 (3-1) で定義される．この式を**反応速度式**と呼び，k_1 を**一次反応速度定数**という．式 (3-1) は反応速度が一次反応速度定数 k_1 と A の濃度 [A]（の 1 乗）との積で表されることを示している．これが一次反応と呼ばれる理由である．

　反応 6 は**二分子反応**である．速度式は式 (3-2) となり，反応速度は出発物質 A の濃度の 2 乗と**二次反応速度定数** k_2 の積で表される．これは 2 分子の A が衝突することによって反応が進行することを示しており，前章で求めた衝突頻度（Z_{AA}，式 (2-25)）に対応するものである．

2 一次反応

　一次反応速度式 (3-1) を解析することによって式 (3-3) を導くことができる．この式を変形すると式 (3-4) となるが，これは出発物質の濃度の対数 ln [A] と時間 t とが比例関係にあり，その傾きが速度定数 k_1 になっていることを示す．実験により図 3-4 のようなグラフを作成し，解析することによって一次反応速度定数 k_1 を求めることができる．

3 二次反応

　二次反応速度式 (3-2) からは式 (3-5) が導かれる．この式は濃度 [A] の逆数と時間が比例することを表している．したがって実験より図 3-5 のグラフを作成すれば二次反応速度定数 k_2 を求めることができる．

　以上のことは，逆に，**出発物質の濃度と反応時間との間の関係を検討すれば反応次数を知ることができる**ことを意味している．

反応速度式

$$A \xrightarrow{k_1} B \qquad \text{(反応5)}$$

$$v = -\frac{d[A]}{dt} = k_1[A] \quad \text{一次反応} \tag{3-1}$$

$$A + A \xrightarrow{k_2} C \qquad \text{(反応6)}$$

$$v = -\frac{d[A]}{dt} = k_2[A]^2 \quad \text{二次反応} \tag{3-2}$$

一次反応

$$\ln \frac{[A]}{[A]_0} = -k_1 t \tag{3-3}$$

$$\ln [A] = \ln [A]_0 - k_1 t \tag{3-4}$$

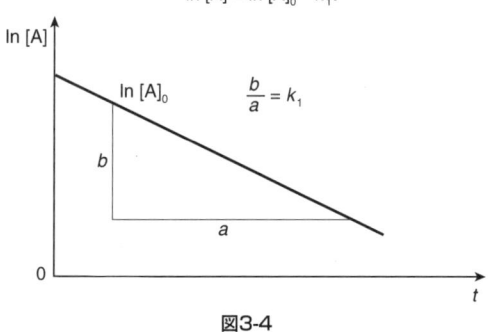

図3-4

$$\frac{b}{a} = k_1$$

二次反応

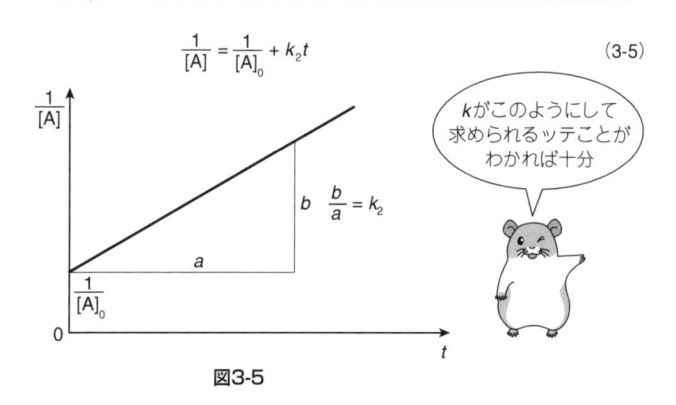

$$\frac{1}{[A]} = \frac{1}{[A]_0} + k_2 t \tag{3-5}$$

$$\frac{b}{a} = k_2$$

図3-5

> kがこのようにして求められるッテことがわかれば十分

第3節 量が半分になる半減期

反応速度の大小を端的に表すものに半減期 $t_{1/2}$ がある．半減期はそのものズバリ，出発物質の量が半分になるのに要する時間を表す．速い反応は半減期が短く，遅い反応は半減期が長い．

半減期は反応次数によって変わる．**一次反応の半減期は図 3-6 に示したように常に一定であるが，二次反応の半減期は図 3-7 に見るように徐々に長くなる**．したがって半減期の測定から反応の次数を決めることもできる．

一般に半減期は測定が容易であり，利用価値の高い測定値である．

column 年代測定

半減期の応用で有名なのは木材彫刻などの年代測定である．これは木材中に含まれる ^{14}C の濃度を測定することによってその木材の古さを知るというものである．^{14}C は放射性の不安定元素であり，β崩壊をして原子核中の電子を放出し，それに伴って中性子が陽子になるので原子番号が一つ増え，結局 ^{14}N となる．この半減期が 5730 年である．地球上には各種の核反応を起こす元素が存在し，それらの反応によって ^{14}C が補われるため，大気中の ^{14}C の濃度は古来，大きく変化しないことが知られている．

樹木は生きているときには炭酸同化作用によって空気中の炭酸ガスを吸収する．したがって樹木中に含まれる ^{14}C の濃度は空気中の ^{14}C 濃度と同じである．しかし，樹木が伐採されて死んでしまうと，炭酸同化作用は行われなくなり，樹木中に新たな炭素は導入されなくなる．そのため，木材中の ^{14}C 濃度は半減期に従って減少することになる．

もし，ある木材の ^{14}C 濃度が生木の 50 % しかなかったとしたら，それはその木材が伐採されてからちょうど半減期の時間，5730 年がたったことを意味する．もし 25 % だったとしたら，半減期 2 回分すなわち 11460 年たったことになる．したがって，この木材に彫刻された年代，すなわち，その彫刻の作られた年代はそれよりも新しいということになる仕組みである．

この方法は木材ばかりでなく，紙，布，穀物，などに広く応用され年代測定に活躍している．

量が半分になる半減期

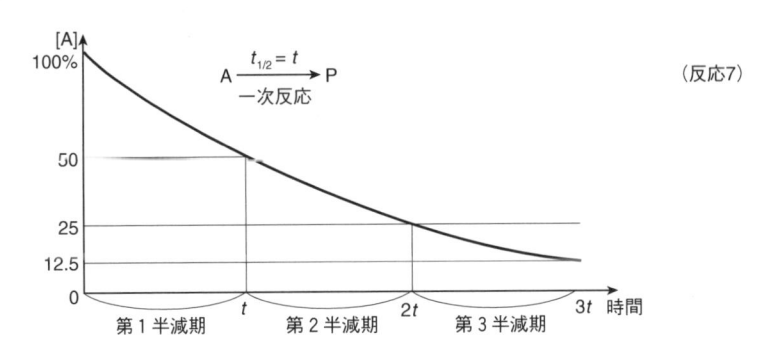

$$A \xrightarrow[\text{一次反応}]{t_{1/2} = t} P \quad （反応7）$$

図3-6

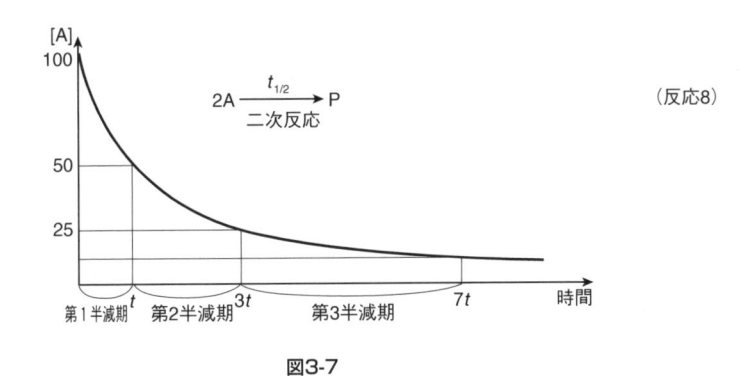

$$2A \xrightarrow[\text{二次反応}]{t_{1/2}} P \quad （反応8）$$

図3-7

年代測定

$$CO_2 \begin{cases} {}^{12}C \\ {}^{14}C \end{cases} \xrightarrow{t_{1/2} = 5730\ 年} {}^{14}N$$

大気中の ^{14}C と同程度

^{14}C は減少の一途

第4節 反応を起こすための活性化エネルギー

化学反応は自動車事故のようなものである．止まっているような自動車どうしが衝突しても，事故といえるような事故にはならない．車が変形するような事故になるためには自動車はかなりのスピードで走っている必要がある．事故にはエネルギーが必要である．反応も同様である．反応が起こるためにはエネルギーが必要である．このエネルギーを活性化エネルギー（E_a）という．

1 遷移状態

図 3-8 は炭素と酸素が反応して炭酸ガスになる反応（反応 9）のエネルギー関係を表したものである．縦軸はエネルギー，横軸は反応座標といい，反応の進行程度を表す．出発系（炭素 + 酸素）のほうが生成系（炭酸ガス）よりエネルギーが高い．もし，反応が川の流れのようにエネルギーの高いほうから低いほうへ流れるものなら，少なくとも地球上の炭素はすべて燃えてしまっていることになる．明らかに，そうはなっていない．

炭酸ガス生成反応の実際のエネルギー関係を表したのが図 3-9 である．炭素と酸素はエネルギーの低い炭酸ガスになる前に，一時的にエネルギーの高い状態を通る．この状態を**遷移状態**という．この遷移状態を通らなければ反応は進行できないのである．**出発系と遷移状態のエネルギー差を活性化エネルギー（E_a）と呼ぶ**．炭を燃やすためにマッチで火を着ける必要があるのはこの活性化エネルギーを与えてやっているのである．反応が進行すれば次回の活性化エネルギーは反応熱（ΔG）で賄うことができる．

2 アレニウスプロット

スウェーデンの化学者アレニウスは反応速度論の研究を行い，反応速度定数 k と活性化エネルギー E_a の間に式 (3-6) の関係があることを発見した．式 (3-6) を (3-7) に変形すると，**速度定数の自然対数（$\ln k$）と絶対温度の逆数（$1/T$）の間に比例関係があり，その傾きが活性化エネルギーを与える**ことがわかる．実験的には，いくつかの温度で速度定数を測定し，図 3-10 のグラフを描くことによって活性化エネルギーを求める．このグラフを発見者の名前をとってアレニウスプロットと呼ぶ．

遷移状態

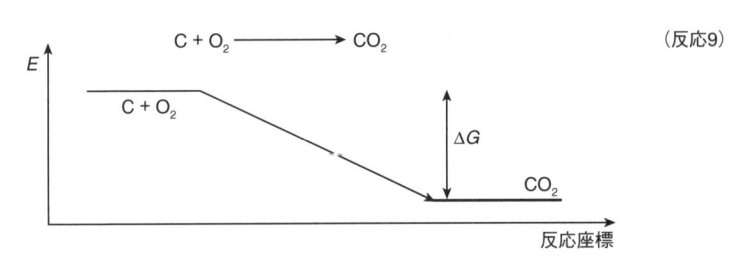

$$C + O_2 \longrightarrow CO_2 \quad \text{(反応9)}$$

図3-8

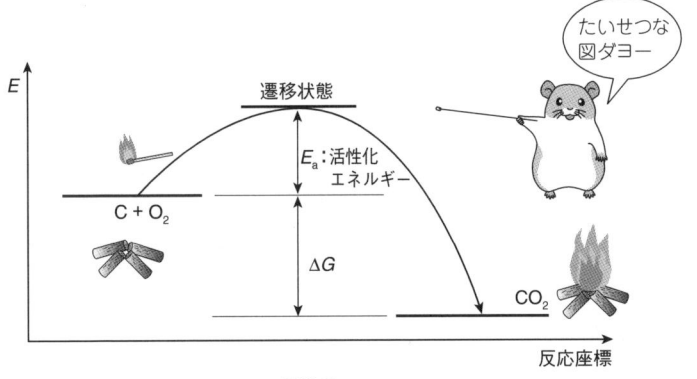

図3-9 (たいせつな図ダヨー)

アレニウスプロット

kの対数と温度の逆数が直線関係

$$k = A \exp\left(-\frac{E_a}{RT}\right) \quad (3\text{-}6)$$

$$\ln k = \ln A - \frac{E_a}{RT} \quad (3\text{-}7)$$

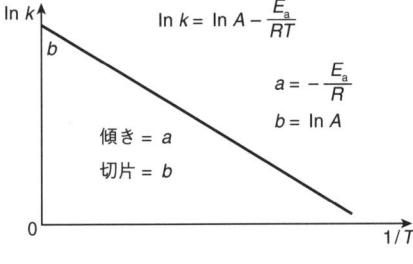

$a = -\dfrac{E_a}{R}$

$b = \ln A$

傾き $= a$
切片 $= b$

図3-10

第4節◆反応を起こすための活性化エネルギー

第5節 速度を決める律速段階

反応10のように，いくつかの反応が連続するものがある．各反応（A → B，B → C）には速い反応もあれば遅い反応もある．このとき，全体の反応（A → C）の反応速度を支配する反応を律速段階と呼ぶ．

1 中間体と遷移状態

反応10のエネルギー関係を表したのが図3-11である．**途中で生成するBを中間体**と呼ぶ．AからB，BからCに行く各反応を**素反応**，全体の反応を**逐次反応**という．各素反応はそれぞれ遷移状態を経由している．中間体と遷移状態の違いはエネルギー曲線の山に当たるか（遷移状態），谷に当たるか（中間体）である．中間体は多少なりともエネルギーの低い所にあるので，単離して調べられる可能性があるが，遷移状態にはそのような可能性はない．

AからBに行く反応（素反応Ⅰ）の活性化エネルギー（E_a^1）とBからCに行く反応（素反応Ⅱ）の活性化エネルギー（E_a^2）とを比較すると E_a^1 のほうが大きい．これは素反応Ⅰのほうが遅い反応であることを意味する．

2 律速段階

速い反応と遅い反応が続いて起こったとき，全体の反応速度は遅い反応の反応速度で支配される．そのため，**遅い素反応を律速段階**と呼ぶ．

これは登山のときに最も足の遅い人を先頭に立てるのと同じである．足の速い人を先頭に立てたら足の遅い人は置いてきぼりを食い，遭難になる．グループの登山速度は先頭に立つ足の遅い人によって決定される．足の遅い彼が律速段階である．

3 濃度変化

逐次反応 A → B → C における各生成物の濃度変化を表したのが図3-13と3-14である．図3-13では素反応Ⅰが遅く，図3-14ではⅡが遅いことにしてある．

問題は中間体 B の濃度変化である．図3-13では B の濃度は常に低いが，図3-14では極大値を通っている．この反応を工業的に行い，しかも必要な物質が B だったとしたら，反応をどの時点で止めるかは重大な問題である．反応速度論の出番はこんな所にもある．

中間体と遷移状態

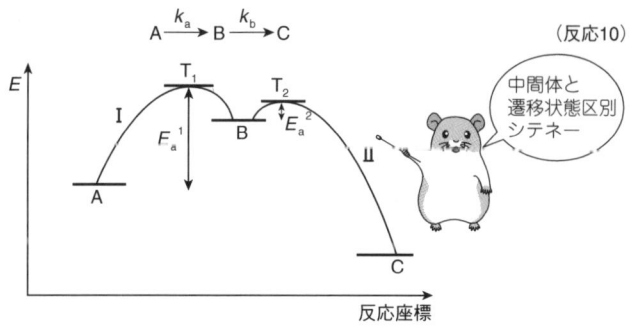

$$A \xrightarrow{k_a} B \xrightarrow{k_b} C \quad (反応10)$$

図3-11

律速段階

図3-12

濃度変化

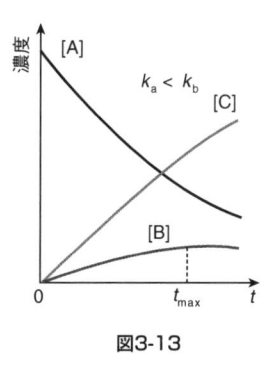

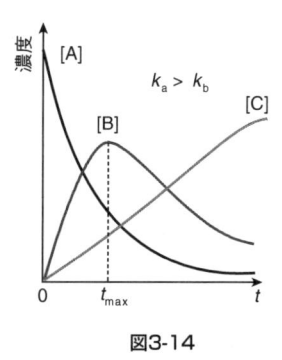

図3-13 ($k_a < k_b$)

図3-14 ($k_a > k_b$)

第6節 特殊な反応

テロによる爆発だけでなく，ガス爆発，廃屋の爆破撤去とわれわれの身の回りに爆発は多い．排ガス対策上，ガソリンの燃焼効率よくするため，自動車には白金などの触媒が用いられている．ここで，爆発，触媒反応について見てみよう．

1 爆 発

図 3-15 は反応速度の温度変化を表したものである．通常反応の図に見るように，**反応速度（速度定数）は温度とともに上昇**し，よく温度が 10 ℃上がると反応速度は 2 倍になるといわれる．何倍になるかは第 4 節の式 (3-5) に従うが，活性化エネルギーの絶対値が小さい反応ほど温度変化に大きく対応することがわかる．室温付近（25 ℃）で 10 ℃の温度上昇で反応速度が 2 倍になるのは活性化エネルギーが 53 kJ/mol 程度の反応である．

ところが，この反応速度がある温度 T_c で不連続に大きくなる反応がある．これが爆発である．**爆発には，温度に依存する熱爆発と，連鎖反応による連鎖爆発がある**．連鎖爆発は，原子爆弾や原子炉のエネルギー源となる原子核反応がよく知られている．

2 触媒反応

触媒とは，自分自身は変化しないが，反応を速く進行させるものである．触媒にはいろいろの種類があるが，反応 11 に示した触媒 E はその 1 例である．触媒は反応物質 S と反応して中間生成物 SE を与える．この状態で S が変化して生成物 P となるが，触媒は変化することなく E として元に戻り，また次の反応に参加するのである．

触媒反応のエネルギー関係を表したのが図 3-16 である．触媒がない非触媒反応の遷移状態は高エネルギー状態であり，反応は遅い．しかし，触媒反応では低エネルギーの中間生成物がエネルギーの低い遷移状態に導き，そのため小さい活性化エネルギーで反応が進行していることがわかる．

生体での反応は酵素が関与することが多いが，酵素反応も触媒反応の一種である．反応 11 において，触媒 E を酵素と置き換えて考えればそのまま酵素反応の解析につながる．

爆発

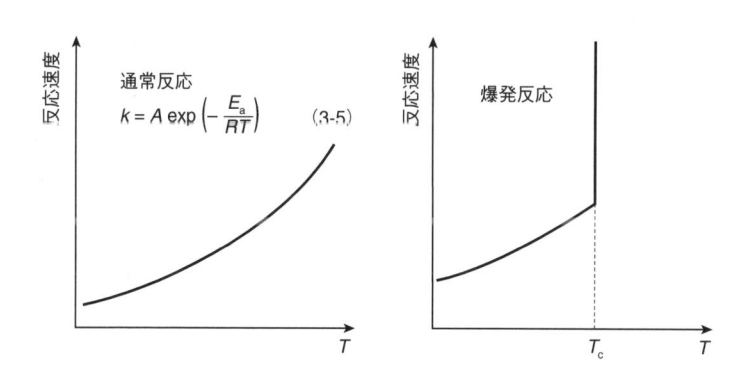

図3-15

左:通常反応 $k = A \exp\left(-\dfrac{E_a}{RT}\right)$ (3-5)

右:爆発反応 (T_c)

触媒反応

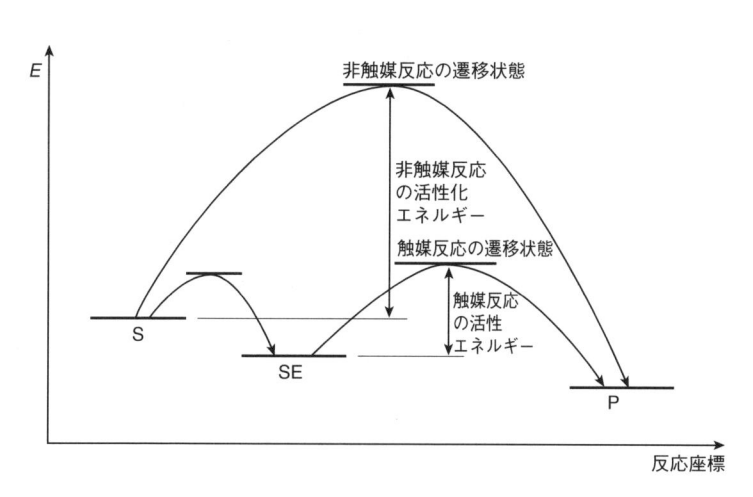

$$S + E \longrightarrow SE \longrightarrow P + E \quad (反応11)$$

反応物質 　触媒　　中間生成物　　生成物　触媒

図3-16

4章 分子運動の確率

1 mol の分子数は 6 × 10²³ 個である．これはわずか石油缶一つ分ほどの水素ガス中に 6 × 10²³ 個の水素分子が存在することを意味する．このように多くの分子の行動を取り扱うときには，確率的な考え方が必要となる．

第1節 運動エネルギーは確率で決まる

気体分子は思い思いの方向へ，思い思いのスピードで飛び回る．思い思いのスピードで，といったが，これは，分子の持つ運動エネルギーは，各分子によって異なることを意味する．すなわち，同じ温度の空間にいても，各分子の持つ運動エネルギーは互いに異なっているのである．では，分子はどのような運動エネルギーを持っているのだろう．このことを考えてみよう．

1 分子の分布

遅い分子のエネルギーは低く（小さく），速い分子のエネルギーは高い（大きい）．今，図 4-1 のように分子の持つ運動エネルギーを大小 4 種に分けて考えよう．止まっているのはエネルギー 0 であり，いちばん速いのは $3e$ のエネルギーを持つとし，その中間に，エネルギー e, $2e$ の状態があるとする．

分子数が A，B，C の 3 個，全分子（計 3 個の分子）の持つ全エネルギー E_T が $3e$ であったとする条件の下で，これらの各々の分子の持つエネルギーはどのように配分されるかを考えてみよう．

簡単な順列組み合わせの問題である．組み合わせは次の三つしかない．
A　3 個の分子がすべて同じエネルギーを持つ
B　3 個の分子がすべて違うエネルギーを持つ
C　2 個が同じエネルギーでほかの 1 個は違うエネルギー

可能な配置の数 P は全分子数を n, 各エネルギー状態の分子数を n_0, n_1, n_2, n_3 とすれば $P = n!/n_0!n_1!n_2!n_3!$ で与えられる．各々の配置の数を図に示しておいた．

この条件の下では，最大確率（P_{max}）の配置はケース B の組み合わせになることがわかる．すなわち，分子は各自が互いに異なるエネルギーを持つようになりたがるのである．B の 6 通りの内訳（B_1〜B_6）を図に示した．

分子運動の確率

シバ神
(創造と破壊の神)

恐いヨー

分子の分布

	A 3分子すべて同じ	B 3分子すべて異なる	C 2分子が同じ
$E_3 = 3e$			○
$E_2 = 2e$		○	
$E_1 = e$	○ ○ ○	○	
$E_0 = 0$		○	○ ○

$$P_A = \frac{3!}{0!\,3!\,0!\,0!} = 1 \qquad P_B = \frac{3!}{1!\,1!\,1!\,0!} = 6 \qquad P_C = \frac{3!}{2!\,0!\,0!\,1!} = 3$$

6通りの内訳

	B_1	B_2	B_3	B_4	B_5	B_6
$E_2 = 2e$	C	B	C	B	A	A
$E_1 = e$	B	C	A	A	C	B
$E_0 = 0$	A	A	B	C	B	C

図4-1

2 エネルギーの影響

　前項で見たのと同じことを，系のエネルギーを変えて考えてみよう．

　まず，系の全エネルギー E_T が 0 の場合にどうなるか．答えは簡単である．図 4-2 に見るように，すべての分子がエネルギー 0 の状態にいるしかない．可能な配置の数は 1 である．$E_T = e$ ではどうか．この場合には，エネルギー 0 に 2 個，エネルギー e に 1 個の 1 通りだが，各分子に A，B，C の印がついているので可能な配置の数は 3 となる．$E_T = 2e$ では 2 通りの配置があるが，各々配置の数は 3 個ずつ考えられるので，配置の数は合計 6 である．

3 分布の傾向

　さて，第 1 項と第 2 項で見たことをまとめたらどうなるだろうか．

　第 1 項について考えてみよう．A が 1 通り，B が 6 通り，C が 3 通りの計 10 通りである．これを一つにまとめたのが図 4-3D である．3 個の分子が 10 通りに配置されるので，計 30 個，それを配置の数に従って，各エネルギーの所に配置してある．エネルギー 0 では配置 A から 0，配置 B から 1 × 6 = 6，配置 C から 2 × 3 = 6，計 12 個である．

　各エネルギーについて同様の配分を計算して棒グラフにしてある．

　図 A，B，C は全エネルギー $E_T = 0$，e，$2e$ について同様な計算を行った結果である．一連のグラフをエネルギーに従って並べると，ある傾向が見えてくる．

　1　エネルギーが低いときにはグラフも低エネルギー部分に集中する

　2　エネルギーが増加するにつれて低エネルギー部分から高エネルギー部分に移動する

　3　しかし，高エネルギー状態でも，いちばんたくさんの分子がいるのは最低エネルギー部分（エネルギー 0）である．

4 ボルツマン分布式

　図 4-3 は**ボルツマン分布**といわれるものの基本である．ここではわずか 3 個の分子に対しての考察を行っただけだが，オーストリアの物理学者ボルツマンは以上のことを大量の分子数に対して統計学的に考察し，ボルツマンの式といわれる式 (4-1) を提出した．この式は配置の数の割合 ρ_i（ロー）が指数関数に従って変化することを示している．

エネルギーの影響

図4-2

$E_T = 0$ のとき:
$$P = \frac{3!}{0!\,0!\,0!\,3!} = 1$$

$E_T = e$ のとき:
$$P = \frac{3!}{0!\,0!\,1!\,2!} = 3$$

$E_T = 2e$ のとき:
$$P = \frac{3!}{0!\,0!\,1!\,2!} = 3 \qquad P = \frac{3!}{0!\,0!\,1!\,2!} = 3$$

$3 + 3 = 6$

分布の傾向

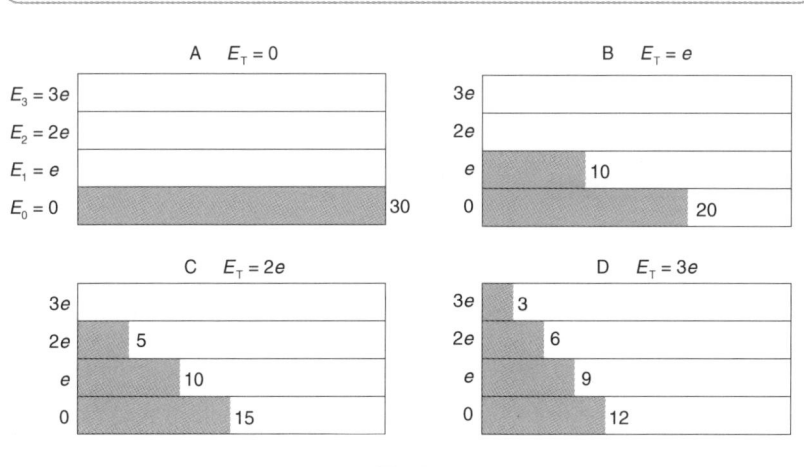

A $E_T = 0$: $E_0 = 0$ に 30

B $E_T = e$: $E_0 = 0$ に 20、$E_1 = e$ に 10

C $E_T = 2e$: $E_0 = 0$ に 15、e に 10、$2e$ に 5

D $E_T = 3e$: 0 に 12、e に 9、$2e$ に 6、$3e$ に 3

図4-3

ボルツマン分布式

$$\rho_i = \frac{n_i}{N} = K \exp\left\{ \frac{-(E_i - E_0)}{kT} \right\} \tag{4-1}$$

$k = 1.38 \times 10^{-23}\,\mathrm{JK^{-1}}$：ボルツマン定数

N：全分子数　　n_i：エネルギーE_iの分子数　　K：定数

第2節 エネルギーはボルツマン分布する

ボルツマン分布は物理化学にとって非常にたいせつな考え方であるが，そればかりでなく，その帰結のグラフそのものが非常にたいせつな意味を持ち，物理化学の多くの領域で利用される．

1 ボルツマン分布のグラフ

ボルツマン分布をグラフで表したものが図 4-4 である．

ボルツマン分布を考えるのに使った図 4-3 では縦軸にエネルギー，横軸に分布の数をとったが，物理化学では，多くの場合，前節の図を 90°回転させて用いることが多い．図 4-4 では普通の形でのボルツマン分布図を示しておいた．横軸がエネルギー，縦軸が確率になっていることに注意してほしい．

このようなグラフは頭にプリントしておくことがたいせつである．

2 エネルギー間隔の影響

図 4-5 に塩素とヨウ素の振動エネルギー準位と，その準位にいる分子の数を棒グラフで示した．曲線はボルツマン分布を表す．横軸は各分子の振動エネルギー準位を表してある．

塩素では振動エネルギー準位の間隔が広い．そのため，ボルツマン分布に従うとほとんどの分子は基底状態にいることがわかる．それに対して準位間隔の狭いヨウ素では励起状態にいる分子が多くなっている．

---

column　統計熱力学

1 個の分子は何の制約も受けずに，まったく勝手気ままに行動する．しかし，このような分子もたくさん集まると，その集団としての行動にはある傾向が現れる．ボルツマン分布はこのようなことをいっている．

このようにミクロな粒子（分子）の行動を解析することによってマクロな集団（気体など）の行動を予言，解析する学問を統計熱力学という．ボルツマン，マックスウェルなどによって発展整理された統計熱力学は，量子化学と並んで，現代化学の二大骨格をなす理論である．

ボルツマン分布のグラフ

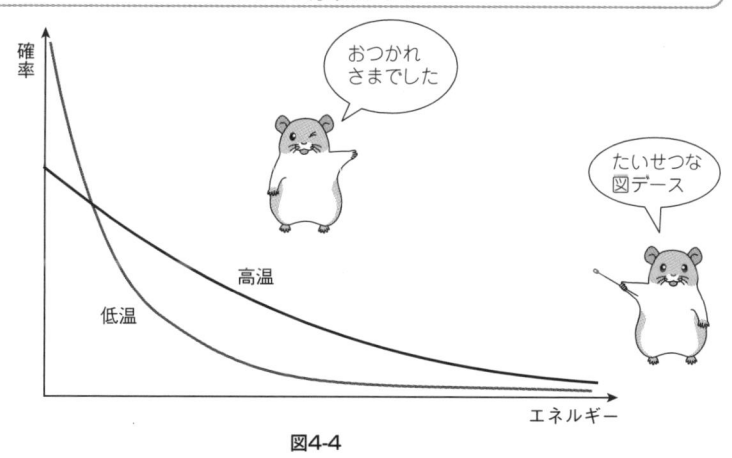

図4-4

エネルギー間隔の影響

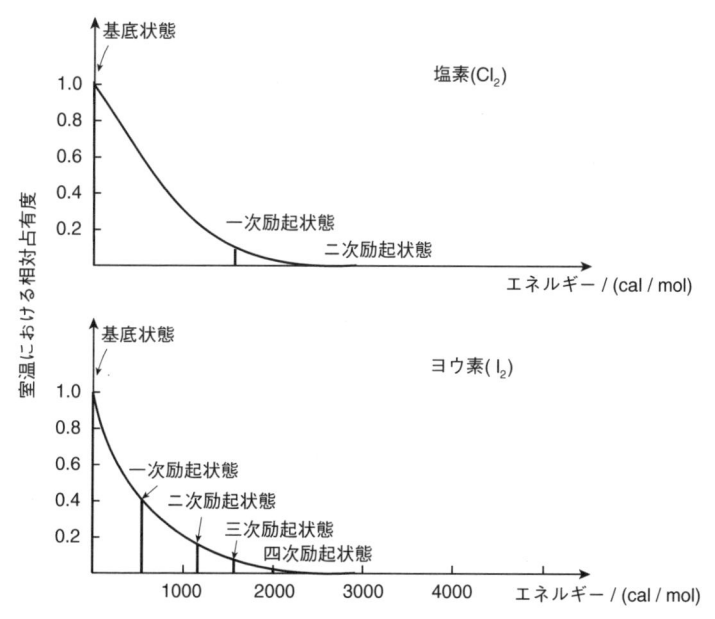

塩素(Cl_2)

ヨウ素(I_2)

[G.C.Pimentel, R.D.Spratley, *Understanding Chemical Thermodynamics*, Fig.3.12, Holden-Day (1969)]

図4-5

第3節 速度はマックスウェル分布する

物理化学ではボルツマン分布のほかにもう一つ，分布という名前の付くたいせつな概念がある．マックスウェル分布である．これは飛び回る気体分子の飛行速度の分布を表すものである．

1 速度分布

部屋中を飛び回る気体分子がすべて同一速度で飛び回るものでなかろうことは容易に想像できるものの，それでは速い分子と遅い分子の割合はどうなっているのか，また，その割合は温度や，あるいは分子の重さにどのように影響されるのかとなると，想像力ではカバーしきれなくなる．

ボルツマンの式 (4-1) がエネルギーの分布を表すものであり，エネルギーと速度は式 (4-2) で関係付けられることに気づけば，速度分布がボルツマン分布の応用であることは理解できるだろう．

しかし分子はあらゆる方向に動いているので，その速度分布を求めるためには速度を表す球の半径 v から dv までの球殻に入っている分子の確率を求める必要があることになり，それを求めると式 (4-3) となり，その速度分布は図 4-7 のグラフとなる．こういうグラフは感覚的に頭にプリントしておくことがたいせつである．

2 温度，質量の影響

図 4-7 は**マックスウェル分布**が温度，分子の質量によってどのように変化するかを示したものである．

図 A は温度による分布の違いを表す．温度が低いときには遅い領域に鋭いピークを持ち，温度が上がるとピークの位置は高速度側にシフトするが，ピークは低くなだらかになる．

図 B は分子の重さ（分子量）の影響を表す．**分子量が小さい分子では高速側になだらかなピークを描くが，分子量が大きくなると低速側に鋭いピークを示すようになる．**

速度分布

$$\rho_i = K \exp\left\{\frac{-(E_i - E_o)}{kT}\right\} \quad (4\text{-}1)$$

$$E_i = \frac{1}{2} m v_{ix}^2 \quad (4\text{-}2)$$

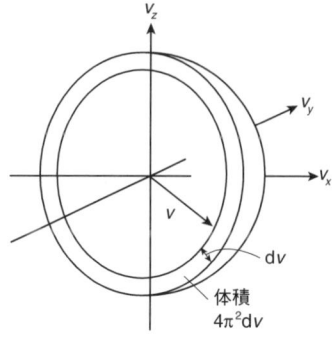

$$M(v) = \int_v^{v+dv} K \exp\left\{-\frac{1}{2}\frac{mv_{ix}^2}{kt}\right\} dv \quad (4\text{-}3)$$

体積 $4\pi v^2 dv$

[P. W. Atkins（千原秀昭、中村亘男 訳）、アトキンス物理化学第4版、p.1101、図24.2、東京化学同人（1993）]

図4-6

温度、質量の影響

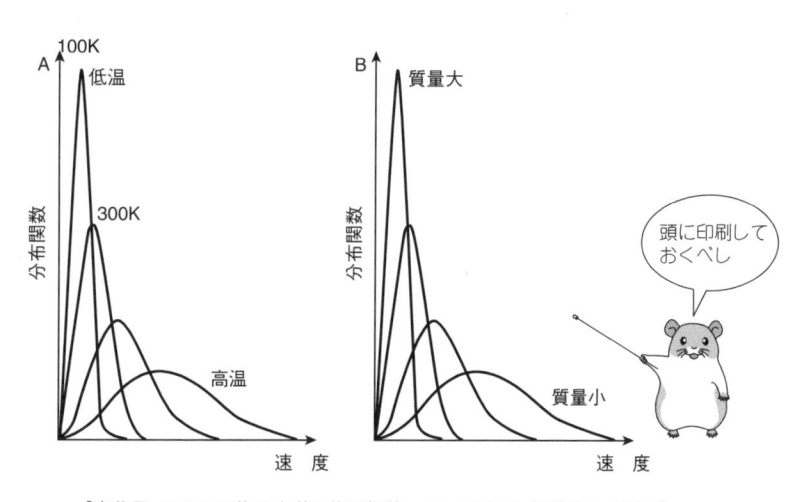

A: 100K、低温、300K、高温

B: 質量大、質量小

分布関数 / 速度

頭に印刷しておくべし

[齊藤昊、はじめて学ぶ 大学の物理化学、p.26、図 2.12、化学同人 (1997)]

図4-7

第4節 エントロピーは乱雑さの尺度

　エントロピー．初めて聞く言葉ではなかろうか．化学では非常にたいせつな概念である．その実，化学科の学生でもきちんと理解している者は少ない（のではなかろうか？と危惧（きぐ）している）．ところが真実は非常に単純明快な概念である．乱雑さの程度．それだけである．

1 整然から乱雑へ

　整然とした状態は長続きはしない．いつか乱雑な状態に変化する．果物屋さんの店頭に積み上げられたリンゴの山は，だれかがぶつかれば崩れてしまう．整然と整列したイスに座ってわき目もふらずに授業に没頭した（本当？）学生諸君も，終了のベルと同時に思い思いの勝手気ままな雑然状態へ変化する．
　自然界の変化は整然とした状態から乱雑な状態へ変化しようとする．あるいは，"乱雑さ"を増大する方向へ進化する．
　熱力学の法則（第 2 法則）は，この**乱雑さを表す尺度としてエントロピー**という語を作り，**自然界に起こるすべての変化はエントロピーの増加する方向へ進む**と宣言した（第 6 章第 2 節参照）．粒子運動で第 2 法則を考えれば，第 2 法則は，変化は出現確率最大の状態へ変化すると言い直すことができる．変化は確率であり，出現確率の大きい状態を実現するのが変化である．してみればエントロピーは出現確率 P で表すことができると考えられる．

2 エントロピーの意味

　図 4-9 のように，出現確率 P_1 に対応するエントロピーを S_1 で表すことにする．当然，出現確率 P_2 に対応するのは S_2 となる．P_1 と P_2 を混ぜた状態を考えてみよう．このときのエントロピーを $S_{12} = S_1 + S_2$ の形で表せれば便利である．しかし，この状態の出現確率 P_{12} は P_1 と P_2 の積 $P_{12} = P_1 \times P_2$ で与えられる．

$$S_{12} = S_1 + S_2$$
$$P_{12} = P_1 \times P_2$$

この二つの関係を同時に満足するのは S が P の対数で表されるときである．

$$S = k \ln P$$

これがボルツマンによって定義された**エントロピーの定義**である．

整然から乱雑へ

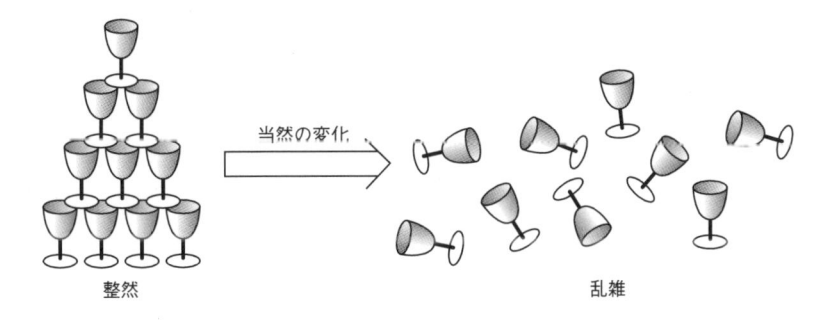

図4-8

エントロピーの意味

P_1
S_1

$P_1 < P_2$
$S_1 < S_2$

P_2
S_2

エントロピーの定義デース

$$P_{12} = P_1 \times P_2 \quad (4\text{-}4)$$
$$S_{12} = S_1 + S_2 \quad (4\text{-}5)$$
$$S = k \ln P \quad (4\text{-}6)$$

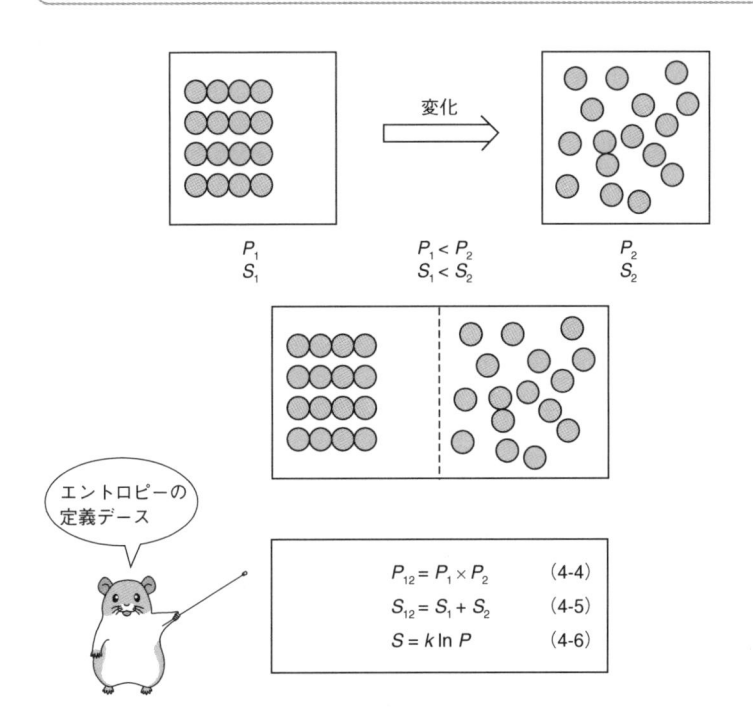

図4-9

第5節 エントロピーとエネルギー

系の乱雑さを表す尺度として定義されたエントロピーが，実は熱量の関数になっていた．不思議な気もするが，熱量が多くなれば分子も騒ぎたくなるだろう，と考えれば，まったくわからないわけでもないような気もする．

1 体積とエントロピー

図 4-10 において，ある体積の中に分子が存在する状態の出現確率を 1 とすると，体積が 2 倍になれば出現確率も 2 倍となる．このように出現確率 P は体積 V に比例する．したがって，系の体積が V_1 から V_2 に変化したときのエントロピー変化を求めると，式 (4-8) のように体積の対数関数として表されることになる．ここで，k は適当な係数である．

2 体積と仕事

気体の体積変化に伴う仕事を考えてみよう．ピストン系に，圧力 P の下に熱量 ΔQ を加えたところ，ピストン系は体積変化をし，外部に対して ΔW の仕事をしたとしよう．この場合の仕事量は式 (4-9) で表される．気体の状態方程式を利用して計算を進めると，結局体積の対数関数として与えられることがわかる．

3 エントロピーの式

式 (4-8) と (4-9) を比較してみよう．体積に関して同じ項を含んでいる．それを取り出したのが式 (4-10) である．ここで係数 k を 1 とすると式 (4-11) が導かれる．これがエントロピーと熱量とを結びつけるたいせつな式である．これを変形すると

$$\Delta Q = T \Delta S$$

となる．これは**エントロピーに絶対温度を掛けたものは熱量に等しい**，すなわちエネルギーそのものだ，ということを表している．われわれは経験的に，ものごとはエネルギーの低いほうへ進むと考えることが多い．その場合のエネルギーには，今求めた，エントロピーに由来するものも実は含まれているのである．このことについては第 6 章で改めて説明することにする．

体積とエントロピー

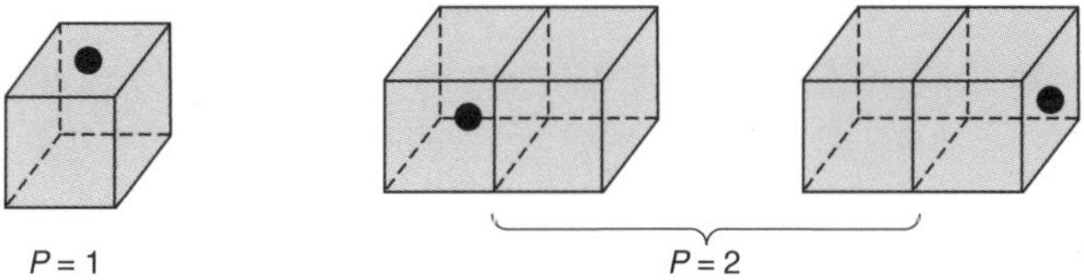

$P = 1$

$P = 2$

$$P = aV \tag{4-7}$$

$$\Delta S = S_2 - S_1 = k \ln aV_2 - k \ln aV_1$$

$$= k \ln \frac{aV_2}{aV_1} = k \ln \frac{V_2}{V_1} \tag{4-8}$$

図4-10

体積と仕事

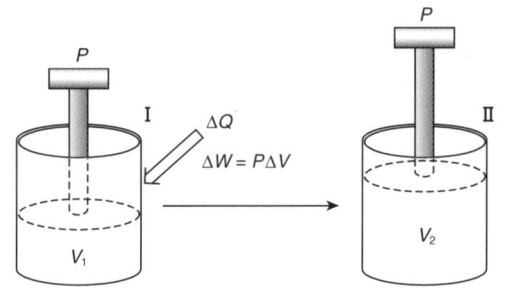

ΔQ
$\Delta W = P\Delta V$

$$\Delta Q = \Delta W = \int_{V_1}^{V_2} P \mathrm{d}V = \int_{V_1}^{V_2} \frac{nRT}{V} \mathrm{d}V = nRT \ln \frac{V_2}{V_1} \tag{4-9}$$

図4-11

エントロピーの式

$$\ln \frac{V_2}{V_1} = \frac{\Delta Q}{nRT} = \frac{\Delta S}{k} \tag{4-10}$$

$$\Delta S = \frac{\Delta Q}{T} \tag{4-11}$$

第5節◆エントロピーとエネルギー

column 相対平均速度

　分子は動きまわっている．衝突は動きまわっている分子どうしの間に起こる現象である．今，時速 100 km で走る自動車の速度を計ってみよう．自動車は測定者の前を時速 100km で通過する．しかし，いつでもそうだろうか．測定者が動いていたらどうなるか．測定者から見た自動車の速度は 150 km にもなれば 0 km にもなる．このように，測定者が動いた場合には自動車の速度は 100 km とは言い切れないことになる．

　このように，動いている物から動いている物を見たときの速度を相対平均速度 $\overline{C}_{rel}$ といい，それは平均速度を与える式 (2-16) の質量 M の代わりに換算質量 μ 入れたもので表される．換算質量は式 (C-1) で表され，観測者と被観測者が同じ場合の換算質量は質量の半分ということになる．したがってこの場合，平均速度と相対平均速度は式 (C-2) の関係にある．衝突は動きまわっている分子どうしの間に起こる現象だから，速度はこの相対平均速度を使って表さなければならないことになる．その結果，2.5，2.6節で求めた Z_A，Z_{AA} は正確には式 (C-3)，(C-4) の Z_{Arel} と Z_{AArel} になることになる．

$$\frac{1}{\mu} = \frac{1}{m_1} + \frac{1}{m_2} = \frac{m_1 + m_2}{m_1 m_2} \left(= \frac{2}{m}\right) \quad \text{(同じ分子)} \tag{C-1}$$

$$\overline{C}_{rel} = \left(\frac{8kT}{\pi\mu}\right)^{1/2} = \sqrt{2}\left(\frac{8kT}{\pi m}\right)^{1/2} = \sqrt{2}\,\overline{C} \tag{C-2}$$

$$Z_{Arel} = \sqrt{2}\,Z_A \tag{C-3}$$

$$Z_{AArel} = \sqrt{2}\,Z_{AA} \tag{C-4}$$

第II部 エネルギーと平衡

5章 熱力学第1法則

エネルギーという言葉は日常よく使われる言葉である．その意味はギリシア語の語源 en（内）＋ ergon（仕事）が示すとおり，物質の内側に蓄えられた仕事をする能力を表す．エネルギーが高ければ（高エネルギー状態）たくさんの仕事をする能力があり，エネルギーが低ければ（低エネルギー状態）仕事をする能力は少ない．

エネルギーはいろいろの形を取ることができる．高いところにある物体は落下して仕事をし（位置エネルギー），ゼンマイを巻かれたおもちゃの自動車は走り出し（仕事（エネルギー）），熱をもらった水は蒸気となっていざとなれば機関車を動かすし（熱エネルギー），太陽の光は光合成を通じて植物を生長させる（光エネルギー）．

熱はこのようにエネルギーの一形態であり，温度に伴って高温側から低温側へ移動するものである．この章では熱とエネルギーの関係について見て行くことにしよう．

第1節 原子，分子の持つエネルギー

化学はいうまでもなく，原子，分子の科学であり，化学反応という面を強調すれば電子の科学であるということもできる．それでは，原子，分子はどのようなエネルギーを持ち，それをどのような仕事に変換しているのかを見て行くことにしよう．

1 ポテンシャルエネルギー（位置エネルギー）と運動エネルギー

机の上を転がる鉛筆はエネルギーを持つ．転がることによる運動エネルギーと，机の上という高い位置に基づく位置エネルギー（ポテンシャルエネルギー）である．

鉛筆が机の上から転がり落ちれば，ポテンシャルエネルギーは運動エネルギーに変わって，鉛筆は激しく転がる．このようにポテンシャルエネルギーと運動エネルギーの和は一定である．

熱力学第1法則

孤立系においては質量の総和は不変である

位置エネルギーと運動エネルギー

位置エネルギー mgh

運動エネルギー $\frac{1}{2}mv^2$

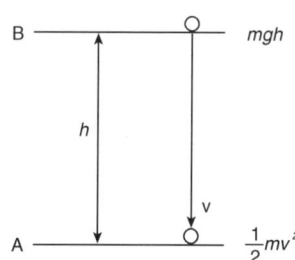

（位置エネルギー）＋（運動エネルギー）＝一定

図5-1

第1節◆原子，分子の持つエネルギー

2 原子のエネルギー

古典的な原子構造論では，原子を構成する電子は，原子核の正電荷と自分の負電荷に基づく**クーロン力**と，原子核の周りを円周運動することによる**遠心力**とのつり合いによって存在しているとした．しかし，それだけでは原子の構造を説明できず，理論はともかくとして**ボーアの量子条件**といわれるものを導入して実験結果と折り合いをつけた．その結果，**電子の取りうるエネルギーは量子化されており，図 5-2 に示すとおり，不連続なとびとびの値しか持てない**ことが明らかとなった．

現在では量子力学に基づく量子化学のおかげで，原子の構造は実験結果と理論との間に精密な対応関係が築かれているが，こと，電子のエネルギーに関してはボーアの仮説に基づいた値と同じである．これが原子の持つポテンシャルエネルギーである．

3 分子のエネルギー

分子はさまざまな種類のエネルギーを持つ．**分子軌道法**の考えによれば，分子も原子と同様に電子軌道を持つ．分子軌道とも呼ばれるこの電子軌道は**量子数**によって規定される特有のエネルギーを持つ．図 5-3 に太い線で示した準位がこの電子軌道に基づくエネルギー準位で，**電子エネルギー準位**と呼ばれる．分子を構成する電子はこの軌道に収容されるが，各軌道に電子は 2 個までしか入れず，しかもエネルギーの低い軌道から順に入って行くことは原子の場合と同じである．この，軌道に入った電子のエネルギーを電子エネルギーといい，いわば分子の持つ位置エネルギーとなる．

分子は運動をするから**運動エネルギー**も持つ．分子運動には第 2 章気体分子運動論で見た**並進運動**のほかに，図 5-4 に示したような**振動，回転運動**がある．

各々のエネルギーはそれぞれ**振動量子数，回転量子数**によって量子化され，図 5-3 に細い線で示したように配置される．すなわち，各電子エネルギー準位に 1 セットの振動エネルギー準位が付属し，そして各振動エネルギー準位に 1 セットの回転エネルギー準位が付属している．

原子のエネルギー

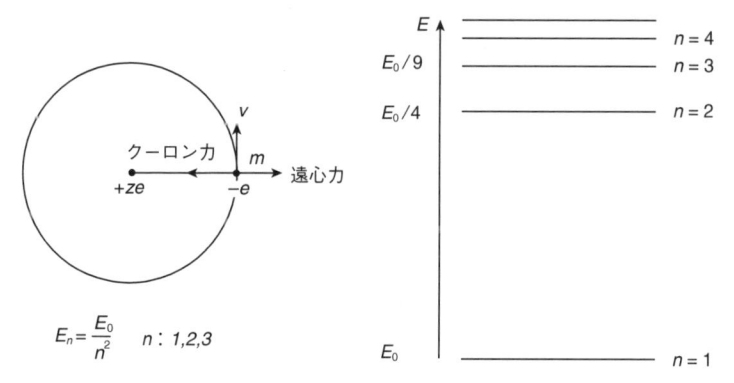

クーロン力 ← → 遠心力
$+ze$ $-e$ m v

$E_n = \dfrac{E_0}{n^2}$ $n : 1, 2, 3$

E
$E_0/9$ ── $n=4$
── $n=3$
$E_0/4$ ── $n=2$

E_0 ── $n=1$

図5-2

分子のエネルギー

回転エネルギー準位
振動エネルギー準位
電子エネルギー準位

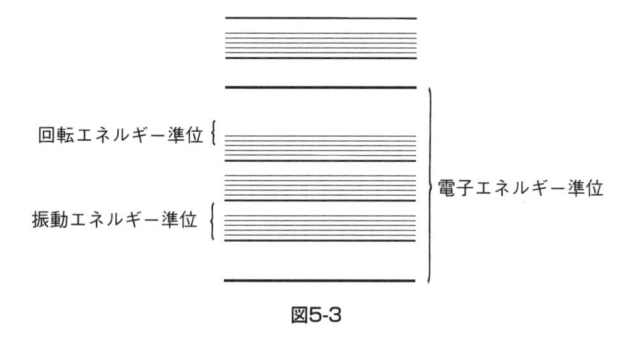

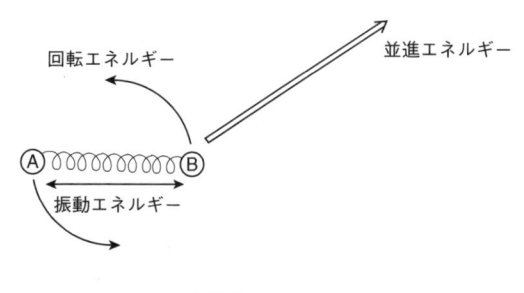

図5-3

回転エネルギー
並進エネルギー
Ⓐ〜〜〜〜Ⓑ
振動エネルギー

図5-4

第1節◆原子,分子の持つエネルギー

第2節 結合と反応の化学エネルギー

　原子と原子とを結びつけて分子としているエネルギーは結合エネルギーである．また化学反応には熱の出入りが伴い，これを反応熱という．このようなエネルギーを化学エネルギーと呼ぶ．

1 結合エネルギー

　分子は複数個の原子が結合することによって成立した安定な関係である．これは，原子が互いに無関係でバラバラになっている状態より，結合して分子となったほうがエネルギー的に有利なことを意味する．すなわち，分子のほうが低エネルギー状態であることを示す．このように，**結合によって安定化したエネルギーを結合エネルギー**と呼ぶ．

　図 5-5 は結合エネルギーの結合距離依存性を示したものである．分子を構成する原子 A と B の系は，両原子が近づくにしたがってエネルギー的に安定になり，結合距離 r_o でエネルギー極小値をとる．これが結合エネルギーである．原子間距離がさらに近づくと原子核の正電荷の間の静電反発が起こり，系は再び高エネルギー化する．

　なお，図において，分子生成に伴って低エネルギー化する状態のほかに，分子生成とともに高エネルギー化する状態がある．前者は**基底状態**といわれ，後者は**励起状態**といわれる．励起状態は分子を不安定化する作用がある．

2 反応熱

　前項の関係を別の観点から示したのが図 5-6 である．原子，分子のエネルギーをポテンシャルエネルギーとして表すと，原子状態は高エネルギー状態であり，分子を生成することは低エネルギー状態に落ちることになる．このエネルギー差がもちろん，結合エネルギーであるが，この結合エネルギーに相当する分は，分子を生成するときに系外に放出することになる．これが反応熱に相当し，このような反応を**発熱反応**という．もし，反応に伴って高エネルギー状態が出現するような反応に対しては，その分のエネルギーを外界から供給しなければならない．このような反応を**吸熱反応**という．

結合エネルギー

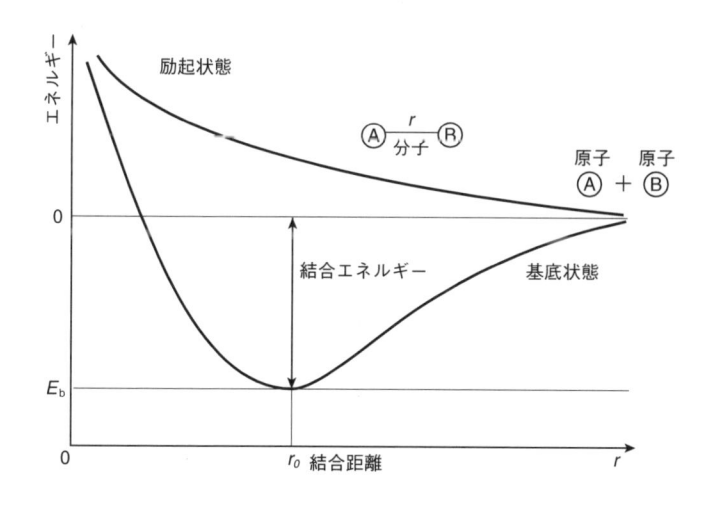

図5-5

反応熱

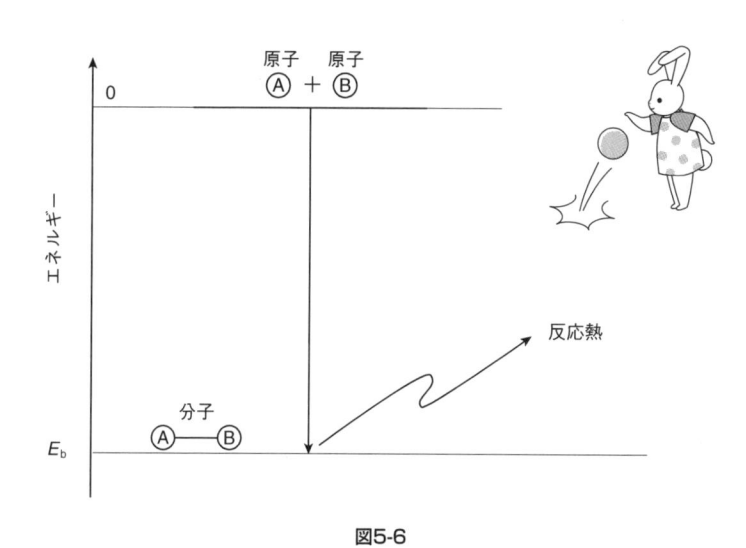

図5-6

第2節◆結合と反応の化学エネルギー

第3節 熱力学第1法則

　熱力学には基本的な法則が三つある．熱力学第1法則，熱力学第2法則，そして熱力学第3法則である．ここでは第1法則について見てみよう．

1 熱の出入り

　系に対する熱の出入りとエネルギーの増減を定義しておこう．
　系に熱を加えれば，系はその熱を使って外界に仕事をすることができる．ゆえに系のエネルギーは増加したことになる．系が外界から仕事をされたら，系はその仕事を利用して外界に仕事をすることができることになるから，やはり，系のエネルギーは増加したことになる．一般に，**系に入ったエネルギーには +** の符号を付け，**系から出たエネルギーには −** の符号を付けて区別する．

2 仕事，熱，エネルギー

　ピストンの例で考えてみよう．今，ピストンの体積は V_0 だったとする．
　ピストン系に対して仕事（ΔW）をする．ハンドルを押し下げて体積を V_1 にする．これはピストン系に仕事（ΔW）をしたことになる．気体は圧縮されて体積を減少し，温度が上がる．これを**断熱圧縮**という．次に起こる変化は気体が膨張して元の体積 V_0 に戻ることである．これは外界に対して仕事（ΔW）をしたことになる．同時に温度は元に戻る．これを**断熱膨張**という．
　次にピストン系（ピストン内部の気体）に熱量 ΔQ を加えたとする．当然，気体の温度は上昇する（断熱圧縮）．次に起こる変化は気体が膨張し，ピストン容積を V_2 まで膨張させることになる．これは系が外界に対して仕事（ΔW）をしたことになり，同時に系の温度は元に戻る（断熱膨張）．

3 熱力学第1法則

　前項で見たことはエネルギー，熱，仕事は，形態は変わっていても，結局はおなじもの（エネルギー）であるということであった．このような理解の下で，熱力学第1法則は次のように宣言する．**孤立系のエネルギー総量は保存される．**
　平たくいえば，エネルギーは増えも減りもしないということで，熱力学第1法則が**エネルギー保存の法則**ともいわれる所以である．

熱の出入り

系に入る: $+\Delta Q, +\Delta W$
系から出る: $-\Delta Q, -\Delta W$

図5-7

仕事, 熱, エネルギー

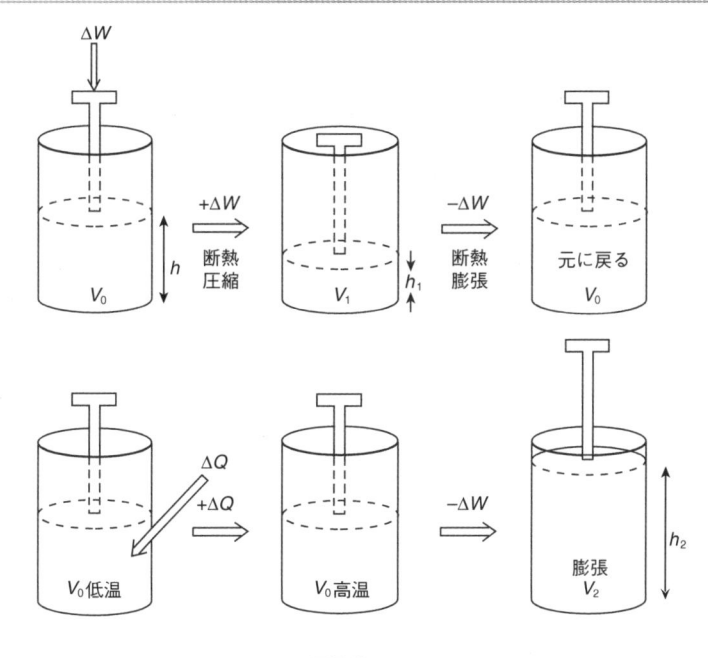

ΔW → $+\Delta W$ 断熱圧縮 → $-\Delta W$ 断熱膨張 → 元に戻る
V_0, h → V_1, h_1 → V_0

$+\Delta Q$ → $-\Delta W$
V_0 低温 → V_0 高温 → 膨張 V_2, h_2

図5-8

熱力学第1法則

孤立系においてはエネルギーの総量は保存される

第4節 定容変化と内部エネルギー

前節で見たように，エネルギーは熱にも仕事にも変形できるという，ある意味で変幻自在なものである．また，ピストン系にもともとあったエネルギーもあれば，外部から熱や仕事として加えられたものもある．これらをしっかりと区別しないと精密な議論が成立しなくなる．ここでは，内部エネルギーについて考えてみよう．

1 内部エネルギー

内部エネルギーは熱力学の基準になるエネルギーで，記号 U で表す．

分子について内部エネルギーを考えると，式 (5-1) に示したように分子の運動に基づく**運動エネルギー**と，分子の構造そのものからくるエネルギー，いわば位置エネルギーに相当する**構造エネルギー**（ポテンシャルエネルギー）に分けて考えることができる．

運動エネルギーは式 (5-2) のように，分子の移動に伴うエネルギー（第2章参照）のほかに振動と回転のエネルギーがある（本章第1節）．構造エネルギーとしては式 (5-3) のように原子の結合に基づく結合エネルギーのほかに，分子に所属する電子が持つ電子エネルギーがある．

各々の中身を図 5-9 に示した．簡単な三原子分子でも振動，回転にこれだけの要素がある．大きな分子の内部エネルギーは非常に複雑なことになる．

2 内部エネルギー変化

内部エネルギーの絶対値を測定することは不可能であるが，それはまた，必要のないものでもある．われわれは変化に応じた内部エネルギーの変化量 ΔU を知ることができればそれで十分である．

今，図 5-10 に示したように，内部エネルギー U_1 のある系（ピストン系）に熱（ΔQ）と仕事（ΔW）を加えたところピストンの体積は ΔV だけ減少し，内部エネルギーは U_2 に変化したとする．この現象に伴う内部エネルギー変化（ΔU）は式 (5-4) で与えられる．

系が外部からされた仕事 ΔW は，外圧 P に逆らって体積を ΔV だけ変化させたわけだから，$P \times (-\Delta V) = -P\Delta V$ となる．マイナスの記号は体積の減少を意味する．

内部エネルギー

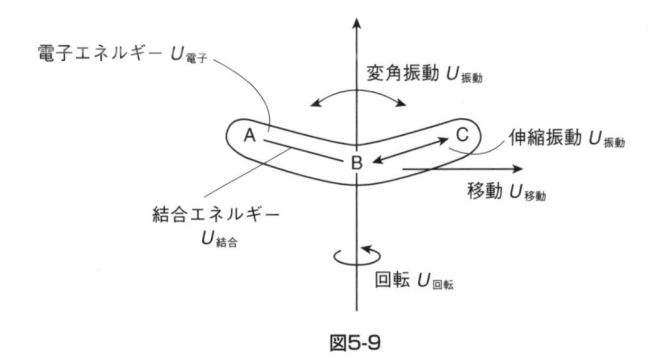

$$U = U_{運動} + U_{構造} \tag{5-1}$$

$$U_{運動} = U_{移動} + U_{振動} + U_{回転} \tag{5-2}$$

$$U_{構造} = U_{電子} + U_{結合} \tag{5-3}$$

図5-9

内部エネルギー変化

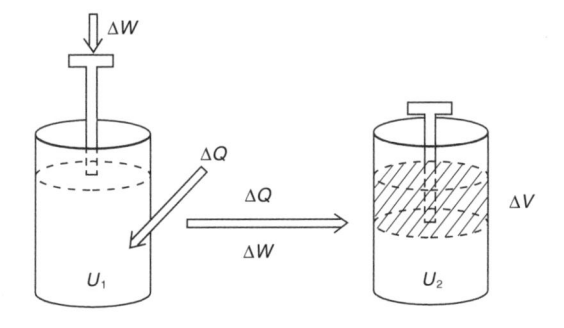

$$\Delta U = U_2 - U_1 = \Delta Q + \Delta W = \Delta Q - P\Delta V \tag{5-4}$$

図5-10

第5節 定圧変化とエンタルピー

前節で内部エネルギーを定義した．ここではもう一つたいせつな言葉を定義する．初めて聞く言葉かもしれないが，化学では基本的な言葉の一つである．

1 定容（定積）変化

前節の式をもう一度吟味してみよう．
$$\Delta U = U_2 - U_1 = \Delta Q + \Delta W = \Delta Q - P\Delta V$$
ΔQ について解くと次式になる
$$\Delta Q = \Delta U + P\Delta V$$
今，一連のピストン系の変化において体積変化（ΔV）がなかったとしてみよう．このように体積変化のない変化を，**容積が一定の変化**ということで，**定容変化または定積変化という**．このとき，ΔQ は次式で与えられる．
$$\Delta Q = \Delta U$$
すなわち，定容変化では，系の内部エネルギーの変化量（ΔU）は系に加えられた熱量（ΔQ）に等しいことになる．

2 定圧変化

しかし，われわれが経験する変化，あるいは実験室で行う実験は，特殊な条件がないかぎり，大気圧の下で行うことが多い．このような変化を**圧力一定下の変化**という意味で**定圧変化**と呼ぶ．このとき，ΔQ は次式で与えられる．
$$\Delta Q = \Delta U + P\Delta V$$
ここで ΔQ を ΔH と書き換えて，この H を**エンタルピー**と呼ぶことにする．
$$\Delta H = \Delta U + P\Delta V$$
状態方程式 $PV = RT$ を使うと $\Delta H = \Delta U + R\Delta T$ とも書ける．

エンタルピー，聞き慣れない言葉かもしれないが，熱力学では非常にたいせつな言葉である．上の式でたいせつなことは，定圧変化の下では系に入ったエネルギー量がエンタルピーで計られるということである．

定圧変化はエンタルピー
定容変化は内部エネルギー

呪文のように覚えるべき言葉である．

定容変化

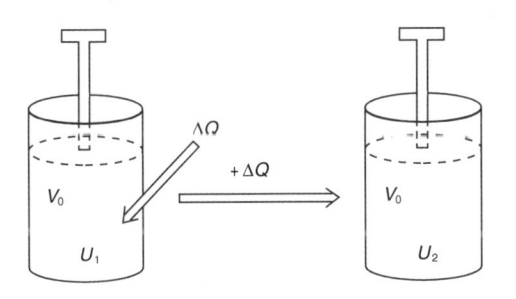

$\Delta U = \Delta Q \tag{5-5}$

図5-11

定圧変化

$\Delta H = \Delta U + P\Delta V$
$\quad\;\; = \Delta U + R\Delta T \tag{5-6}$

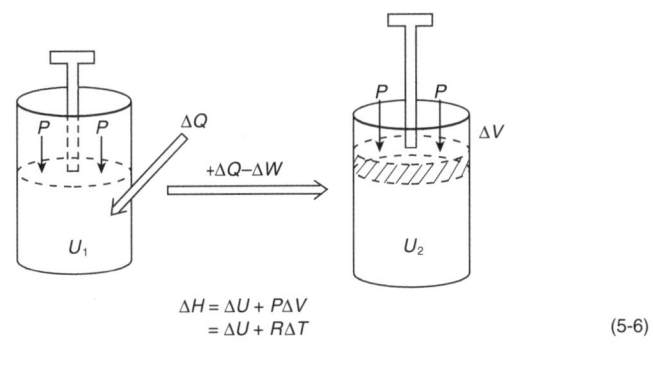

図5-12

ハムのお言葉

定圧変化はエンタルピー
定容変化は内部エネルギー

第6節 反応熱とヘスの法則

エンタルピーの応用としてよく使われるものに，ヘスの法則といわれるものがある．

1 ヘスの法則

1840年，ロシアの化学者ヘスによって発見されたこの法則は次のようなものである．

反応熱は反応の経路に関係なく，系の最初と最後の状態で決まる．

図 5-13 にこの関係をわかりやすく示した．状態 A と B の間のエンタルピー差（反応熱）は，直接的な経路（経路 1）を通ろうと複雑な経路（経路 4）を通ろうと，経路に関係なく常に一定の値 ΔH をとるというものである．

2 標準生成エンタルピー

ある物質が，標準物質（任意に選定された安定な単体）から生成するときに必要とされるエンタルピー（エネルギー）を生成エンタルピーという．特に**標準状態（0 ℃，1 気圧）の条件下での生成エンタルピーを標準生成エンタルピーという．**

図 5-14 で説明しよう．炭素ではグラファイト（黒鉛）が最も安定な状態なので，黒鉛を標準物質にする．ダイヤモンドの標準生成エンタルピーを測定しよう．この値は黒鉛からダイヤモンドが生成するときのエンタルピー変化のことであり，そのような変化は実際には起こらない反応なので，値を直接測定することは不可能である．そこで，ヘスの法則を利用して間接的に計ることを検討する．

黒鉛を燃やして炭酸ガスにするときのエンタルピー変化とは反応熱のことであり，通常の実験で測定できる．ダイヤモンドを燃やしたときの反応熱も，費用はともかくとして，測定可能である．両者は図に示した値であることが実験により明らかになっている．この両方の値の差，1.89 kJ が黒鉛とダイヤモンドのエンタルピー差であり，すなわちダイヤモンドの標準生成エンタルピーということになる．

ヘスの法則

反応熱は反応の経路に関係なく，系の最初と最後の状態で決まる

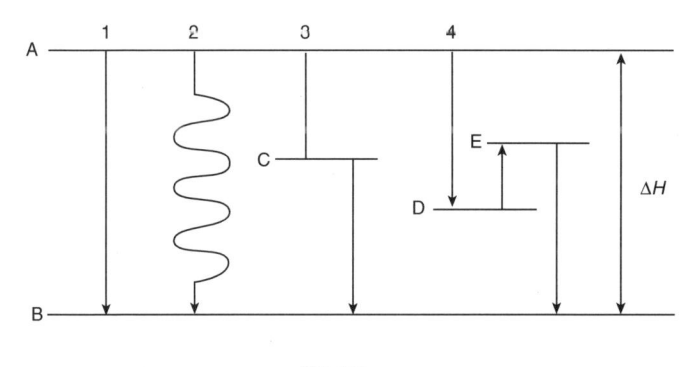

図5-13

標準生成エンタルピー

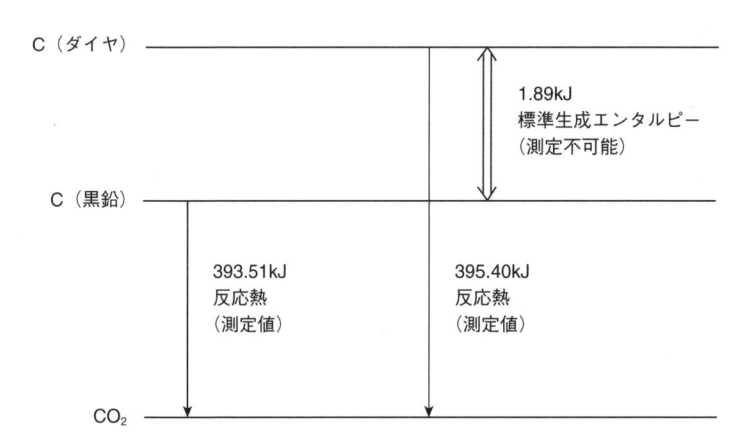

図5-14

- C（ダイヤ）
- C（黒鉛）
- 1.89kJ 標準生成エンタルピー（測定不可能）
- 393.51kJ 反応熱（測定値）
- 395.40kJ 反応熱（測定値）
- CO_2

3 反応熱

ヘスの法則は応用範囲が広く，特に反応熱の計算に有用である．これによって，直接測定することの困難な反応の反応熱が求められる．

図 5-15 に例として，水素と塩素から塩化水素ができる反応の反応熱を既知の反応熱を用いて計算する例を示した．求めたい値は水素分子 H_2 と塩素分子 Cl_2 から塩化水素分子 HCl ができるときの反応熱である．表 5-1 に各種の結合の結合エネルギーを示した．結合エネルギーは原子が結合するときの反応熱である．つまり，HCl の結合エネルギーは分子 H_2 と Cl_2 の反応ではなく，原子 H と Cl の反応熱である．したがって，分子間の反応熱を求めるためには各分子を原子に戻してやる必要がある．そのためには各分子の結合エネルギーを与えてやらなければならない．

落ち着いて反応のサイクルを描けば，この反応の反応熱が 92.0 kJ であることが計算できる．

column 速度支配生成物と熱力学支配生成物

出発物質 A を反応すると 2 通りの反応が同時に起こり，2 種の生成物 B と C が生成することがある．このような反応のエネルギー関係を表したのが図 C である．

生成物の安定度を比較すると B のほうが安定である．それでは B のほうがたくさん生成するのであろうか．第 3 章第 4，5 節で，反応速度は活性化エネルギーによって決定されることを見た．活性化エネルギーの小さいほうが速い反応である．図によれば生成物 C を与える反応のほうが活性化エネルギーは小さい．それでは C のほうがたくさん生成するのか．

反応はまず反応速度に従って進行する．反応の初期段階では速度の速い反応が主となり，生成物 C が主に生成する．しかし，時間がたつにつれエネルギー的に安定な B が増えてくる．これは一度生成した C が元の A に戻るのには大きなエネルギーは必要ないが，B が A に戻るためには大きなエネルギーが必要とされるため，やがて B がたまってくるからである．

生成物 C は反応速度的な有利さから生じた生成物なので速度支配生成物，それに対して B は熱力学的な安定さから生じた生成物なので熱力学支配生成物といわれることがある．

反応熱

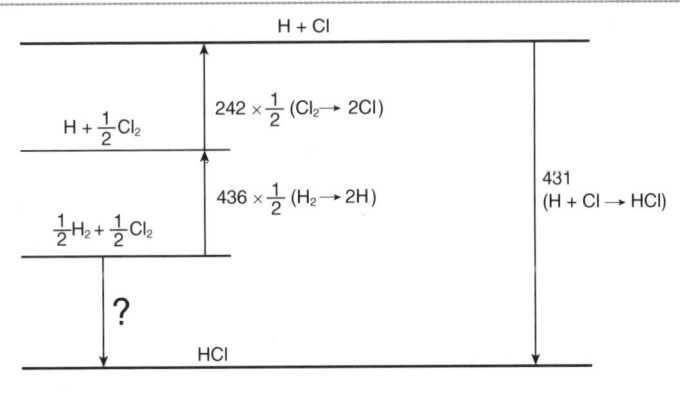

H + Cl

$H + \frac{1}{2}Cl_2$

$242 \times \frac{1}{2}$ ($Cl_2 \rightarrow 2Cl$)

$436 \times \frac{1}{2}$ ($H_2 \rightarrow 2H$)

$\frac{1}{2}H_2 + \frac{1}{2}Cl_2$

431 ($H + Cl \rightarrow HCl$)

?

HCl

$$\frac{1}{2}H_2 + \frac{1}{2}Cl_2 = HCl + (431 - 242 \times \frac{1}{2} - 436 \times \frac{1}{2})$$
$$= HCl + 92.0 \text{ (kJ/mol)}$$

図5-15

結合エネルギー (kJ/mol)

結合	エネルギー	結合	エネルギー
H―H	436	N―H	388
Cl―Cl	242	O―H	463
H―Cl	431	C―C	348
C―H	412	C=O	743

表5-1

速度支配生成物と熱力学支配生成物

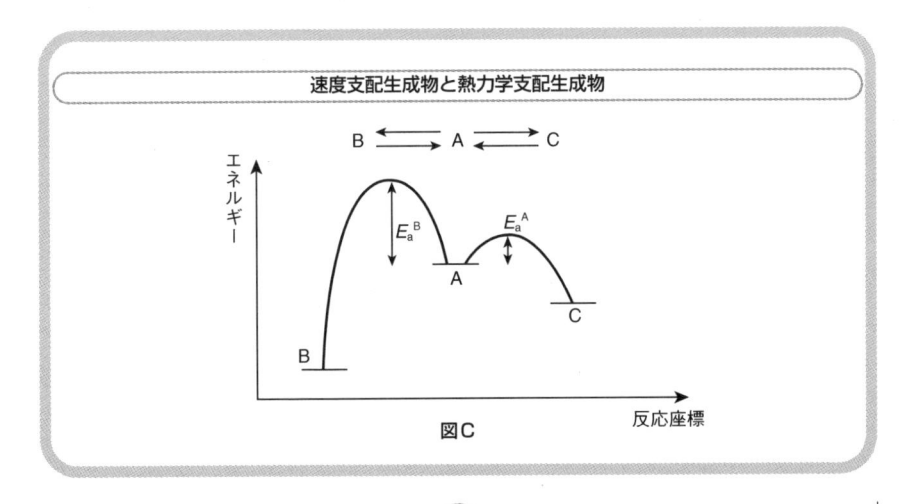

B ⇌ A ⇌ C

エネルギー

E_a^B

E_a^A

A

B

C

反応座標

図C

第6節◆反応熱とヘスの法則

第7節 二つの熱容量

物質 1 g の温度を 1 K 上げるのに必要な熱量は熱容量（比熱）と呼ばれる．同様に，物質 1 mol の温度を 1 K 上げるのに必要な熱量をモル熱容量という．物質の性質が熱によってどのように影響されるかを見る場合に活躍する値である．

1 定容熱容量と定圧熱容量

熱容量は物質の熱量変化に関係した量であるから，反応の条件が関係する．すなわち，定容条件下か定圧条件下か，である．前者の下で定義した熱容量を**定容熱容量** C_V といい，内部エネルギー U を使って式 (5-7) で定義される．後者は**定圧熱容量** C_p といわれ，エンタルピー H を用いて式 (5-8) で定義される．

内部エネルギーとエンタルピーの間には第 5 節で見たように式 (5-6) が成立するので，この関係を用いると両者の間には式 (5-9) が成立することになる．

2 分子の運動の自由度

熱容量に関係するエネルギーは物質の運動エネルギーであり，それには並進，振動，回転の各エネルギーがある．先に図 5-3 に示したように，振動エネルギー準位は準位間隔が広いため，熱的に励起するためにはかなりの熱量を必要とする．そのため，熱容量に効いてくるのは連続エネルギーを持つ並進エネルギーと，準位間隔の狭い回転エネルギーである．

図 5-16 に，運動の自由度を示した．並進の自由度は分子の形にかかわらず，3 次元空間なので 3 である．回転の自由度は分子の形によって異なる．

3 熱容量の値

第2章第4節で見たように，分子の運動エネルギーは 1 自由度当たり $RT/2$ であることがわかっている．したがって，熱容量は $RT/2$ に自由度をかけた値を T で割ればよいことになる．

表に，いくつかの分子の熱容量を示した．単原子や二原子分子では理論値とよい一致が見られるが，大きい分子になると食い違いが出てくる．この理由の一つは大きい分子では振動エネルギーの準位間隔が狭くなり，振動エネルギーでの励起が影響してくることにある．

定容熱容量と定圧熱容量

定容熱容量

$$C_V = \frac{dU}{dT} \quad (5\text{-}7)$$

定圧熱容量

$$C_p = \frac{dH}{dT} \quad (5\text{-}8)$$

$$C_p = \frac{dH}{dT} = \frac{dU}{dT} + \frac{RdT}{dT} = C_V + R \quad (5\text{-}9)$$

分子の運動の自由度

単原子　　並進 3

二原子分子　　並進 3 + 回転 2
（分子軸回りの回転除外）

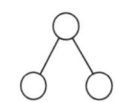

多原子分子　　並進 3 + 回転 3

図5-16

熱容量の値

$$C_V = \frac{d(\text{運動エネルギー})}{dT} \quad (5\text{-}10)$$

運動エネルギー $= \dfrac{R}{2} \times$（自由度）

単原子　　$C_V = \dfrac{3R}{2}$　　$C_p = \dfrac{5R}{2}$

二原子分子　　$C_V = \dfrac{5R}{2}$　　$C_p = \dfrac{7R}{2}$

三原子分子　　$C_V = 3R$　　$C_p = 4R$

気体	C_V/R	C_p/R
He	1.51	2.51
Ar	1.51	2.52
H_2	2.44	3.44
N_2	2.49	3.49
O_2	2.50	3.51
Cl_2	3.03	4.10
CO_2	3.38	4.40
CH_4	3.25	4.26

表5-2

6章 熱力学第2, 第3法則

熱力学には三つの法則がある．第5章でその第1の法則について学んだ．ここでは第2, 第3の法則について学ぶことにする．

第1節 永久機関の熱効率

エネルギーを供給しなくとも永久に働き続ける機関を永久機関という．夢の機関である．読者諸君なら，そのような機関を作ることが不可能なことは直ちにわかることであろうが，昔は熱心に研究されたことがあった．熱力学第2，第3法則はそのような時代背景において発見されたものである．

1 熱効率

今，ある仮想的な機関 A にエネルギーを供給し，仕事を行わせたとして，その熱効率を考えてみよう．仮想的という意味はエネルギーのロスがまったくない機関という意味である．熱力学ではこのような機関を可逆機関という．

温度 t_1 の高温熱源からエネルギー Q_1 を供給された機関は，Q_1 の一部を使って外部に対して仕事 W を行い，残ったエネルギー Q_2 を温度 t_2 の低温熱源に放出したとする．このとき機関の熱効率 E（efficiency：効率）は式 (6-1) で与えられる．

2 エントロピー

エネルギー Q は熱量でもあり，温度 t と関係のあるものでもある．そこで，Q を式 (6-2) のように温度の関数と考え，さらにそれを T と定義する．

この新しく定義した温度 T は熱力学温度と呼ばれるものであるが，もう読者諸君お気づきのとおり，一般に絶対温度と呼ばれるものである．

さて，この定義を式 (6-1) に代入して整理すると式 (6-3) となり，結局，式 (6-4) になる．

ここで次のように定義する．

$$S = Q/T$$

そうである．4章で出たエントロピーである．

熱力学第2, 第3法則

熱効率

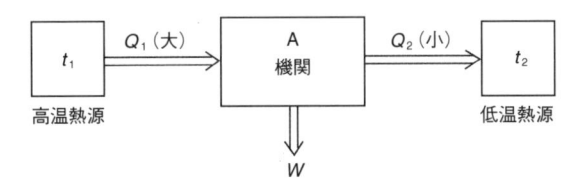

$$E = \frac{W}{Q_1} = \frac{Q_1 - Q_2}{Q_1} \tag{6-1}$$

図6-1

エントロピー

$$Q = f(t) = T \tag{6-2}$$

$$\frac{Q_1 - Q_2}{Q_1} = \frac{T_1 - T_2}{T_1} \qquad 1 - \frac{Q_2}{Q_1} = 1 - \frac{T_2}{T_1} \tag{6-3}$$

$$\frac{Q_2}{Q_1} = \frac{T_2}{T_1} \qquad \therefore \frac{Q_1}{T_1} = \frac{Q_2}{T_2} \tag{6-4}$$

$$S = \frac{Q}{T} \tag{6-5}$$

第2節 熱力学第2法則

熱力学第2法則は宇宙の進化する方向を指し示す悠久の法則である.

1 機関システム

ここで仮想的な機関システムを考える. 実在の機関と仮想的な機関の組み合わせである. 仮想的な機関は可逆機関で熱効率 100 %で動くものとする. 実在機関は高温 T_1 の熱源から熱量 $Q_1^{実}$を奪って仕事 W をし, 余った熱量 $Q_2^{実}$を低温 T_2 の熱源に戻す. 仮想機関は実在機関の仕事 W を受け取って実在機関と逆に働く. すなわち低温熱源から熱量 $Q_2^{仮}$を受け取って高温熱源へ熱量 $Q_1^{仮}$を返す.

2 熱効率の比較

実在機関の熱効率を $E^{実}$, 仮想機関の熱効率を $E^{仮}$とすると $E^{仮}$は $E^{実}$より大きい. 効率を熱量を使って表すと式 (6-6) となり, 整理すると式 (6-7) となる.

ここで前節で求めた関係式, 式 (6-4) を式 (6-7) に代入すると式 (6-8) となる. 式 (6-8) を変形すると式 (6-9) になるがこれは前節で定義したエントロピーである.

すなわち, 最終的に, 以上の関係式は式 (6-10) を与えることになる.

3 熱力学第2法則

式 (6-10) は何を表しているか. 実在機関の稼働に伴ってエントロピーが増大することを示しているではないか. これは, 前章で, 理論的, 確率的に求めたエントロピーの性質が現実のものとなって現れたことを意味する.

変化に伴ってエントロピーは増大する.
変化はエントロピーの増大する方向に進行する.

これが熱力学第 2 法則である.

機関システム

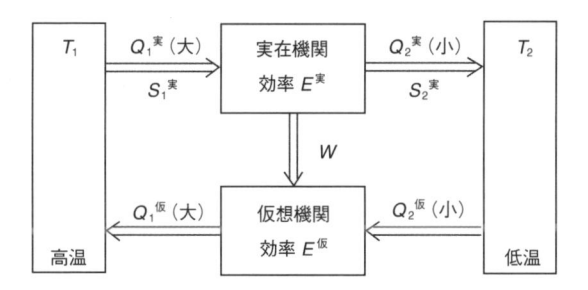

図6-2

```
         Q₁実(大)    ┌─────────┐   Q₂実(小)
  ┌──┐ ─────────→  │ 実在機関 │ ─────────→  ┌──┐
  │T₁│              │ 効率 E実 │              │T₂│
  └──┘   S₁実       └────┬────┘    S₂実      └──┘
                         │ W
         Q₁仮(大)    ┌───┴─────┐   Q₂仮(小)
        ←─────────  │ 仮想機関 │ ←─────────
   高温              │ 効率 E仮 │              低温
                    └─────────┘
```

熱効率の比較

$$E^{仮} > E^{実} \qquad \frac{Q_1^{仮} - Q_2^{仮}}{Q_1^{仮}} > \frac{Q_1^{実} - Q_2^{実}}{Q_1^{実}} \tag{6-6}$$

$$1 - \frac{Q_2^{仮}}{Q_1^{仮}} > 1 - \frac{Q_2^{実}}{Q_1^{実}} \qquad \therefore \frac{Q_2^{仮}}{Q_1^{仮}} < \frac{Q_2^{実}}{Q_1^{実}} \tag{6-7}$$

式(6-4)より

$$\frac{Q_2^{仮}}{Q_1^{仮}} = \frac{T_2}{T_1}$$

$$\therefore \frac{T_2}{T_1} < \frac{Q_2^{実}}{Q_1^{実}} \tag{6-8}$$

$$\frac{Q_1^{実}}{T_1} < \frac{Q_2^{実}}{T_2} \qquad S_1^{実} < S_2^{実} \tag{6-9}$$

$$\Delta S = S_2 - S_1 > 0 \tag{6-10}$$

熱力学第2法則

エントロピーは増大する

第3節 変化に伴うエントロピー

エントロピーは化学にとって重要な概念であり，それを計算することはたいせつなことであるが，エントロピーの定義式，式 (6-5) では計算法が見えてこない．ここで，各種の変化に伴うエントロピーの変化の具体的な計算を見ておこう．

1 温度変化のエントロピー

温度変化に伴うエントロピー変化は，変化が定容条件下か定圧条件下かによって分けて考える必要がある．定容変化では熱量変化（ΔQ）は内部エネルギーの変化 ΔU で与えられる．第 5 章第 7 節で見たように，内部エネルギー変化は定容熱容量 C_V と式 (6-11) の関係にある．これからエントロピーは式 (6-12) で求められることになり，最終的に式 (6-13) で与えられる．

まったく同様にして定圧変化では式 (6-16) で計算されることになる．

2 体積変化のエントロピー

体積変化は定圧条件下で起こる反応であり，熱量変化はエンタルピーで表されるので，式 (6-17) となる．したがって，エントロピーはエンタルピーを用いて表されるが，今，内部エネルギーの変化はないものとして取り扱うと，かっこ内の理想気体状態方程式を用いて式 (6-18) が導かれる．エントロピー変化は式 (6-18) を体積 V_1 から V_2 まで積分して式 (6-19) となる．

3 圧力変化のエントロピー

圧力変化に伴うエントロピー変化は，前項で求めた体積変化から簡単に導かれる．すなわち，理想気体状態方程式から式 (6-20) が得られる．この式を先の式 (6-19) に代入すれば直ちに式 (6-21) となる．

4 濃度変化のエントロピー

理想気体状態方程式から圧力 P は濃度 c の関数として式 (6-22) で与えられる．この関係式を先の式 (6-21) に代入すれば，エントロピー変化は式 (6-23) で与えられることになる．

温度変化のエントロピー

定容 $dU = C_V dT$ (6-11)   定圧 $dH = C_P dT$ (6-14)

$dS = \dfrac{C_V}{T} dT$ (6-12) $dS = \dfrac{C_P}{T} dT$ (6-15)

$\Delta S = \displaystyle\int_{T_1}^{T_2} \dfrac{C_V}{T} dT$ $\Delta S = \displaystyle\int_{T_1}^{T_2} \dfrac{C_P}{T} dT$

$= C_V \ln\left(\dfrac{T_2}{T_1}\right)$ (6-13) $= C_P \ln\left(\dfrac{T_2}{T_1}\right)$ (6-16)

> 式ばっかりで申しわけアリマセーン

体積変化のエントロピー

$dH = dU + PdV$ (6-17)

$dU = 0$ の条件

$dS = \dfrac{dH}{T} = \dfrac{PdV}{T} = \dfrac{PR}{PV} dV = \dfrac{R}{V} dV$ (6-18)

($PV = RT$ $T = \dfrac{PV}{R}$ を使用)

$\Delta S = R \displaystyle\int_{V_1}^{V_2} \dfrac{1}{V} dV = R \ln\left(\dfrac{V_2}{V_1}\right)$ (6-19)

圧力変化のエントロピー

$P_1 V_1 = P_2 V_2$ $\therefore \dfrac{V_2}{V_1} = \dfrac{P_1}{P_2}$ (6-20)

$\Delta S = R \ln\left(\dfrac{V_2}{V_1}\right) = R \ln\left(\dfrac{P_1}{P_2}\right)$ (6-21)

濃度変化のエントロピー

$PV = nRT$ $P = \dfrac{n}{V} RT = cRT$ （c：モル濃度） (6-22)

$\Delta S = R \ln\left(\dfrac{P_1}{P_2}\right) = R \ln\left(\dfrac{c_1 RT}{c_2 RT}\right) = R \ln\left(\dfrac{c_1}{c_2}\right)$ (6-23)

第4節 エントロピーは増大する

熱力学第2法則はエントロピーの増大を宣言した．それでは，どのような場合にエントロピーが増大するのか，ここでわかりやすく見ておこう．

1 分子構造の影響

図 6-3 は分子量がほぼ同じ分子のエントロピーが，分子を構成する原子の個数によってどのように影響されるかを表したものである．例えば，分子量がほぼ 20 の分子でも，水 H_2O（分子量 18）は3原子分子であり，メタン CH_4（分子量 16）は5原子分子である．

図を見ればわかるとおり，ほぼ同じ分子量の分子ではいずれの分子量でも，原子数が増大するとエントロピーが増大している．これは分子の変形の自由度が増えたとして，第 5 章第 7 節の応用と考えられるし，また，原子数が増えたことによって振動の自由度が増えたためだとも考えられる．

2 増大の原因

エントロピーを増大させる原因となるもののうち，典型的な例をあげた．

A：温度上昇．温度を上昇させれば運動エネルギーが増大し，運動速度は上昇し，したがって系の乱雑さが増大する．

B：粒子数の増加．系を構成する粒子の個数を増加させれば，それだけ系のとりうる状態の数は増え，乱雑さは増大する．

C：状態変化．結晶状態と液体状態では，後者のほうが位置の自由度が高い．

D：体積膨張．系の体積が増えれば，系を構成する粒子の取りうる位置の自由度が高くなる．

E：分子の分解．分子が分解すれば，系を構成する粒子の個数が増大することになり，ケース B と同じことになる．

F：直線分子を曲げる．まっすぐな高分子化合物を曲げれば，それだけ，変形の自由度が増えることになり，取りうる乱雑さの程度は増えることになる．

G：仕事を熱に変える．仕事とはエネルギーに一定の作用をさせることであり，いわば，エネルギーに方向を与えることである．熱にはそのような限定はなく，自由である．

分子構造の影響

図6-3

縦軸: 原子数
横軸: エントロピー S / (J/mol·K)

分子量
- ○ 約20
- □ 約40
- △ 約80
- × 約120

増大の原因

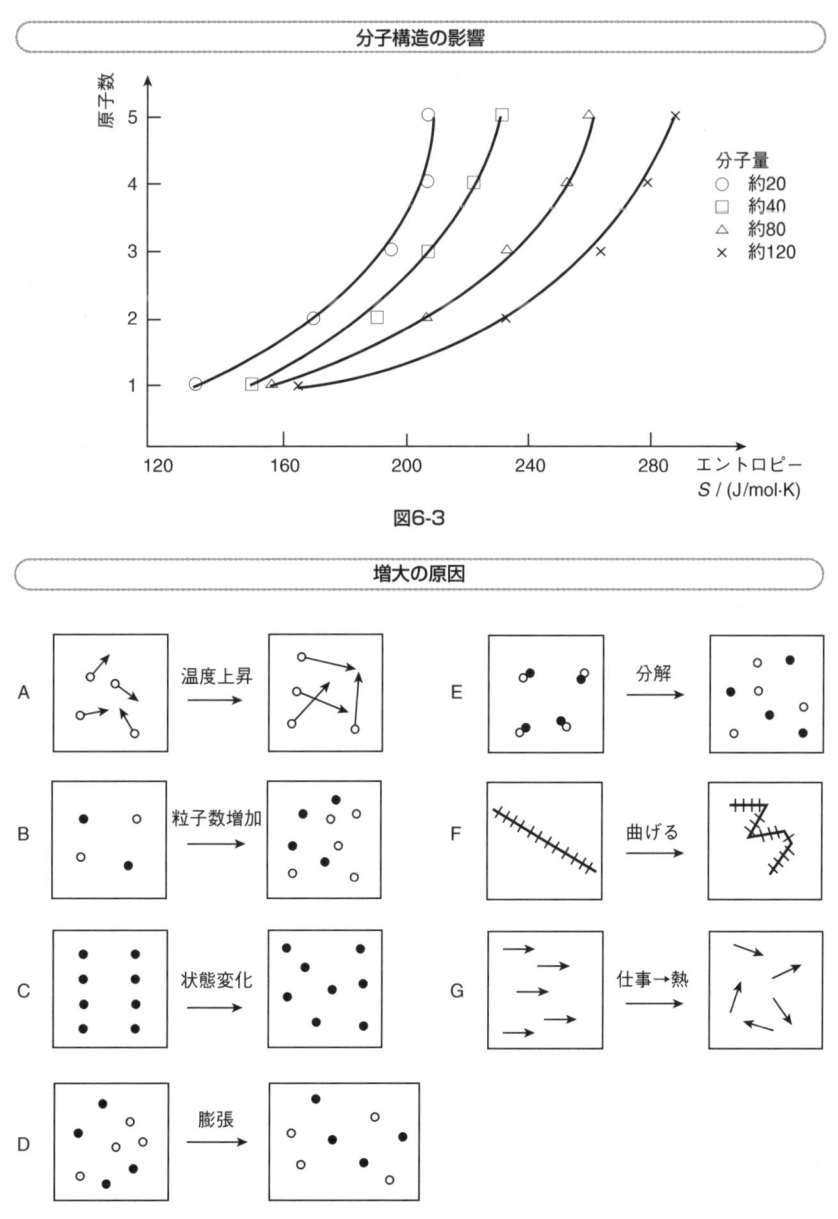

A: 温度上昇
B: 粒子数増加
C: 状態変化
D: 膨張
E: 分解
F: 曲げる
G: 仕事→熱

[名古屋工業大学化学教室, 基礎教養化学, p.131, 図 9-12, 学術図書 (1979)]

図6-4

第5節 熱力学第3法則

熱力学最後の法則，第3法則導入の準備が整ってきた．前節で説明した温度，状態変化とエントロピーの関係を見直したうえで，第3法則を見て行こう．

1 状態変化とエントロピー

気体状態では分子は体積の許せるかぎり，好き勝手な自由な位置を占め，運動している．したがってエントロピーは十分大きいであろう．これが液体状態になったらどうであろう．体積は格段に小さくなり，分子間引力のおかげで互いにけん制しあい，その結果，自由度は大幅に減る．エントロピーは気体状態より小さくなるだろう．固体状態ではさらに自由度は減る．エントロピーはさらに減る．

この関係を図示したのが図 6-5 である．いくつかの化合物の気体，液体，固体，各状態のエントロピーを同じ温度（25 ℃）で比べたものである．気体，液体，固体の順で小さくなっているのがよくわかる．

2 温度とエントロピー

エントロピーは温度が下がれば小さくなる．そのようすを SO_3 で見たのが図 6-6 である．気体，液体，固体，各状態とも，温度が下がるとエントロピーは減少している．また，状態変化が起こる温度では不連続に小さくなっている．

固体の状態を見てみよう．固体（結晶）中でも分子は運動している．少なくとも振動や回転はしている．そのため，エントロピーを持っている．この運動も温度低下とともに静まってゆくため，エントロピーも減少してゆく．

3 熱力学第 3 法則

以上の結果は次の結論を導く．

絶対 0 度では物質のエントロピーは零である．

これが熱力学第3法則である．実は，この法則のおかげで，図 6-5，6-6 のエントロピー値が第3節の計算によって計算できたのである．第3法則はエントロピーの基準を示す法則である．

状態変化とエントロピー

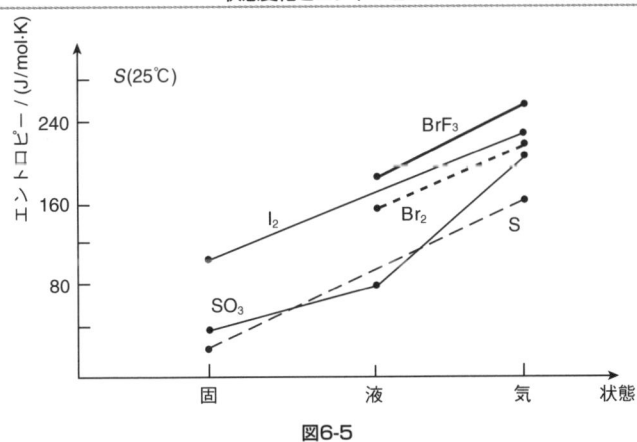

図6-5

温度とエントロピー

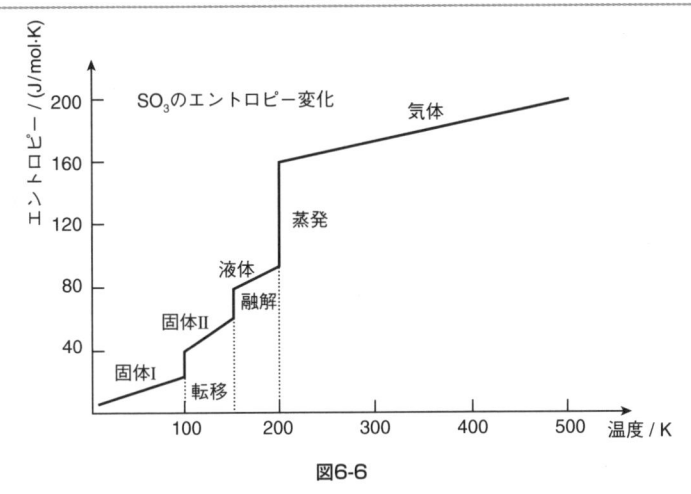

図6-6

熱力学第3法則

絶対0度では物質のエントロピーは0である

第6節 反応を支配する自由エネルギー

水は高い所から低い所へ流れる．風は高気圧から低気圧へ向かって吹く．反応も同じである．反応がどちらへ進行するかを決定する要素があるはずである．

1 反応の方向

ビー玉は高い所から低い所へと，坂を転がる．本当だろうか．坂の下からビー玉に息を吹きかけたらどうだろう．ビー玉は止まるだろう．息を強めたらビー玉は坂を上るだろう．

この場合，坂（重力）と，息（風力）という二つの要素がビー玉の転がる方向を支配していることになる．ビー玉がどちらへ転がるかはこの二つの力の大小関係で決まることになる．化学反応の進行方向もそのように考えられる．

2 エネルギーとエントロピー

机の上の物体は，条件が許せば机から転がり落ちる．ポテンシャルエネルギーの高い状態から低い状態へ変化するわけである．これと同じように，化学物質も高エネルギー状態（不安定状態）から低エネルギー状態（安定状態）へ変化するのだろうか．

図 6-7A に示したように，化学変化を支配するのはエネルギーの高低だけなのだろうか．

水槽にインクを落とせばインクは水槽に広がり，やがて水槽全体が一様にブルーに染まる．この変化を支配するのはエネルギーではなかった．物質の乱雑さを表すエントロピーだった．そして，図 6-4 に示したように，エントロピーは増大するのが宿命だった．

図 6-7B のように，物質 A が B に変化する反応で，もし，反応に伴ってエントロピーも減少するとしたら，反応はどうなるのだろうか．エネルギーから見れば B になったほうが有利である．しかし，この反応はエントロピー的には不利である．

このような問題を解決するのが**自由エネルギー**の考え方である．

反応の方向

エネルギーとエントロピー

E 減少：有利

S 減少：不利

ΔE 有利
ΔS 不利
$\}$ 結局？

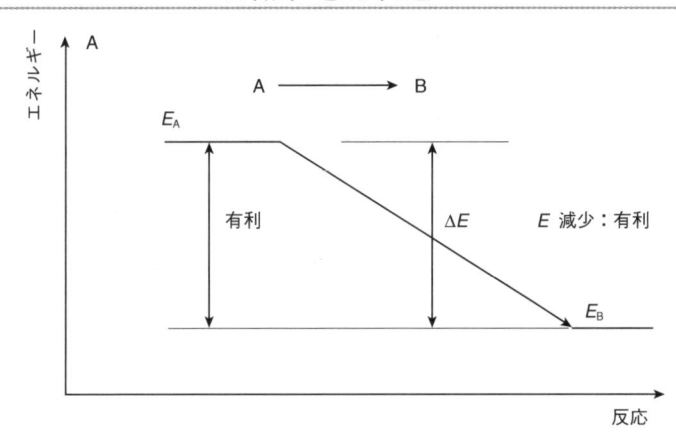

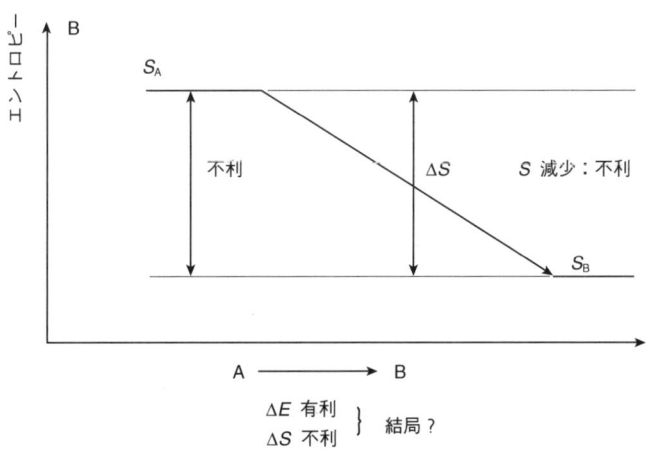

図6-7

第6節◆反応を支配する自由エネルギー

3 二つの自由エネルギー

　一見したところ，異なる要素のように見えるエネルギーとエントロピーとが合体して，化学反応の進行を議論するための要素となったもの，それが自由エネルギーである．

　先に第5章第4節で，定容変化に伴うエネルギー変化は内部エネルギーで表され，それは式 (6-24)（式 (5-4)）で定義されることを見た．ここで，ΔW は系に対してなされた仕事量であり，式 (6-25) で表される．

　系に対してなされた仕事はすなわち，系が外部に対してなした仕事量（$-\Delta W$）の反対である．すなわち，系が外部に対して行える仕事の量は $-\Delta W$ で計ることができることになる．

　第6章第1節で見たように，エントロピーの定義は式 (6-26) である．これより熱量ΔQ は式 (6-27) で表されることになる．したがって，仕事量ΔW は式 (6-28) で表されることになる．ここで新たな量，**ヘルムホルツの自由エネルギー A** と呼ばれるものを，式 (6-29) として定義する．

　定圧変化では内部エネルギーの代わりにエンタルピーを用いた．エンタルピーに対してまったく同じ操作をして，新しい量**ギブズの自由エネルギー G** を定義する．

4 エンタルピーとギブズ自由エネルギー

　変化にはエネルギー変化（ΔH）とエントロピー変化（ΔS）が伴うが，図 6-8 に示すように，ギブズ自由エネルギーは変化に伴う正味のエネルギー変化量を表すものと考えることができる．

　つまり，系のエネルギーが減少することは，その分のエネルギーの差額（ΔH）を外部に対して放出することになる．しかし，エントロピーの減少（ΔS）は系の反応進行を妨げるものであり，系がその妨げに逆らって反応進行するためには，その分（ΔS）をエネルギー（ΔH）を使って補わなければならない．すなわち，外部に放出できるエネルギーが少なくなるわけである．減少分が $T\Delta S$ である．

　平たくいえば，**ギブズ自由エネルギーは，ある定圧変化が実際に進行するかどうかを具体的に表す数値**である．

二つの自由エネルギー

定容変化

$$\Delta U = \Delta Q + \Delta W \tag{6-24}$$

$$\Delta W = \Delta U - \Delta Q \tag{6-25}$$

$$\Delta S = \frac{\Delta Q}{T} \tag{6-26}$$

$$\Delta Q = T\Delta S \tag{6-27}$$

$$\Delta W = \Delta U - T\Delta S = \Delta A \quad 定義 \tag{6-28}$$

ヘルムホルツの自由エネルギー
$$A = U - TS \quad \Delta A = \Delta U - T\Delta S \tag{6-29}$$

定圧変化

ギブズの自由エネルギー
$$G = H - TS \quad \Delta G = \Delta H - T\Delta S \tag{6-30}$$

スッゴク たいせつ

エンタルピーとギブズ自由エネルギー

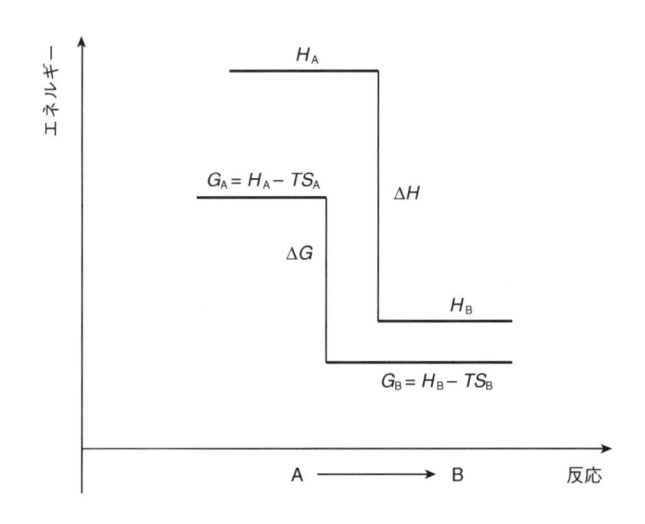

図6-8

第7節 標準状態の自由エネルギー

自由エネルギーはエンタルピーやエントロピーと同様に，圧力や温度といった状態変数によって変化する．そこで，標準状態（1気圧，0℃）で計った自由エネルギーを特に標準自由エネルギーという．記号は，標準ギブズ自由エネルギーを $G°$，標準ヘルムホルツ自由エネルギーを $A°$ といずれも右肩に○を付けて表す．

1 標準生成ギブズ自由エネルギー

エンタルピーや自由エネルギーは，変化に伴って出入りする変化量がわかるだけである．そこで，ある物質が，それを構成する元素の単体から生成するときのギブズ自由エネルギーの変化量を**生成ギブズ自由エネルギー**という．特に反応の前後の物質がともに標準状態にあるときの値を**標準生成ギブズ自由エネルギー**$\Delta_f G°$ という．

同様にして，**標準生成エンタルピー**，**標準生成エントロピー**が定義される．表6-1にいくつかの物質についてこれらの値を示した．

2 自由エネルギーの圧力変化

ギブズ自由エネルギーが圧力によってどのように影響されるかは，第7章で平衡を考えるうえで重要な問題となる．ここでギブズ自由エネルギーの圧力変化を見ておこう．

状態1と状態2のギブズ自由エネルギーをそれぞれ G_1，G_2 とし，その差を ΔG とすると ΔG は式 (6-31) となる．ここにギブズ自由エネルギーの定義式 (6-30)，およびエンタルピーの定義式 (5-6) を代入すると式 (6-32) となる．

今，温度を一定として考えると式 (6-33)～(6-35) が成立するから，これらを式 (6-32) に代入すると式 (6-36) となる．ここに，エントロピーの圧力による変化，式 (6-21) を代入すると式 (6-37) となる．これが，ギブズ自由エネルギーの圧力による変化を表す式となる．

以上の議論から，任意の圧力 P におけるギブズ自由エネルギーが式 (6-38) で与えられる．

標準生成ギブズ自由エネルギー

化合物	$\Delta_f H°$ / kJmol^{-1}	$S°$ / JK^{-1}mol^{-1}	$\Delta_f G°$ / kJmol^{-1}
H_2 (g)	0	130.68	0
O_2 (g)	0	205.14	0
H (g)	217.97	114.71	203.25
C (g)	716.68	158.10	671.26
O (g)	249.17	161.06	231.73
H_2O (l)	−285.83	69.91	−237.13
H_2O (g)	−241.82	188.83	−228.57
CO_2 (g)	−393.51	213.74	−394.36
メタン (g)	−74.4	186.38	6.3
エチレン (g)	52.5	219.56	68.4
アセチレン (g)	228.2	200.94	210.7
ベンゼン (g)	82.6	269.31	35.7
エタノール (l)	−277.1	159.86	−204.5
酢酸 (l)	−484.3	158.0	450.1

表6-1

自由エネルギーの圧力変化

$$\Delta G = G_2 - G_1 = (U_2 + P_2 V_2 - T_2 S_2) - (U_1 + P_1 V_1 - T_1 S_1) \tag{6-31}$$

$$= (U_2 - U_1) + (P_2 V_2 - P_1 V_1) - (T_2 S_2 - T_1 S_1) \tag{6-32}$$

温度一定　$T_1 = T_2 = T$ (6-33)

$U_2 = U_1$ ：Uは温度のみの関数 (6-34)

$P_1 V_1 = P_2 V_2$ ：状態方程式 (6-35)

$$\Delta G = -T(S_2 - S_1) = -T \Delta S \tag{6-36}$$

$$= RT \ln \frac{P_2}{P_1} \tag{6-37}$$

$$G = G° + RT \ln P \tag{6-38}$$

7章 平衡状態の性質

可逆系において，状態が変化しなくなったとき，その系は平衡状態にあるという．平衡状態とは巨視的に見た場合に変化がない，ということであって，微視的には変化は継続している．この章ではいろいろの現象における平衡を見て行こう．

第1節 平衡状態になるための条件

反応 1 において，A から B になるのを正反応，逆に B から A になるのを逆反応という．正逆，いずれの方向にも進行できる反応を可逆反応という．可逆反応において，正反応と逆反応の反応速度がつり合ったとき，見かけ上，反応は停止しているように見える．この状態が平衡状態である．

1 自由エネルギー

エネルギー的に見た場合，平衡状態とはどのような状態なのかを考えて見よう．反応に関係するエネルギーは自由エネルギー（定圧反応ではギブズ自由エネルギー G，以下，定圧反応の条件で説明する）であった．ギブズ自由エネルギーが低下するように反応は進行する．冒頭の図でたとえたように，ギブズ自由エネルギーの天秤がどちらに傾くかが反応の方向を支配する．平衡状態とは，まさしくこの天秤がつり合った状態である．**出発系と生成系のギブズ自由エネルギーが等しい，それが平衡の条件である．**

2 平衡定数

反応 1 において，出発系，生成系それぞれの圧力（分圧）を P_A, P_B とするとき，式 (7-1) で定義された K を平衡定数という．

前項で見たように，平衡時には出発系と生成系のギブズ自由エネルギーは等しくなるので，両者の差 ΔG は 0 となる．すなわち，前章で見た式 (6-38) に基づいて ΔG を計算すると式 (7-3) になる．式 (7-3) を書き換えると式 (7-4) になる．これは平衡の基本関係である．すなわち，**平衡定数 K は出発系と生成系の標準ギブズ自由エネルギーの差で表されるのである．**

平衡状態の性質

（太ったかしら？）

自由エネルギー

$$A \rightleftarrows B \quad \text{(反応1)}$$

$$G_A (P_A) \qquad G_B (P_B)$$

$G_A > G_B$ 　B生成

$G_A < G_B$ 　A生成

$G_A = G_B$ 　平衡

平衡定数

平衡の基本式デース

$$K = \frac{P_B}{P_A} \tag{7-1}$$

$$\Delta G = G_B - G_A = (G_B° + RT \ln P_B) - (G_A° + RT \ln P_A) \tag{7-2}$$

$$= (G_B° - G_A°) + RT \ln \frac{P_B}{P_A} = 0 \tag{7-3}$$

$$\therefore RT \ln \frac{P_B}{P_A} = RT \ln K = -\Delta G° \tag{7-4}$$

第2節 平衡状態にある反応

平衡はいろいろの化学現象に付随して現れるが，ここでは，化学反応における平衡，平衡反応を見てみよう．

1 平衡状態

可逆反応 2 において正逆両反応の反応速度定数 k_a, k_b が等しかったとしよう．もし反応が可逆反応でなく，正反応のみで，もっぱら A と B が反応して C を与えるだけだったとしたら，ある時点で出発物質 A と B は消失し，C だけになる．しかし，可逆反応であるから，一度生成した C は再び元の A と B に戻る．したがって，長時間たった後には出発系と生成系は平衡状態になる．このときの濃度比は反応速度定数の比になり，この場合は 1 : 1 の濃度比となる．

2 ル・シャトリエの法則

平衡反応を支配する法則であり，次のように宣言する．

平衡を支配している条件に変化が起こると，平衡系は，変化した条件を打ち消す方向に移動する．要するに，平衡定数 K を一定に維持しようということである．

平衡反応 3 は発熱反応だったとしよう．この反応の平衡定数は式 (7-5) で定義される．平衡定数 K を一定に保つため，濃度変化に対して系は表 7-1 のように変化する．すなわち，系に外部から生成物 C を加えて [C] を増大させたら，K を一定に保つためには，分母の [A], [B] を増大させるか，分子の [C] を減少させなければならない．いずれにしろ，反応は逆方向，左へ進まなければならない．反応物質が気体の場合には濃度を分圧に置き換えて考えればよい．

同様に温度変化に対しても，系の発熱を押さえて温度上昇を吸収するように平衡は左へ移動する．

このように，外部から加えた変化を吸収してなくしてしまうように平衡が移動するようすは，ちょうど，親が与えたこづかいを無制限に使い果たす親不孝な子供に似ている．ということで，この法則をドラ息子の法則という人もいるようである．

平衡状態

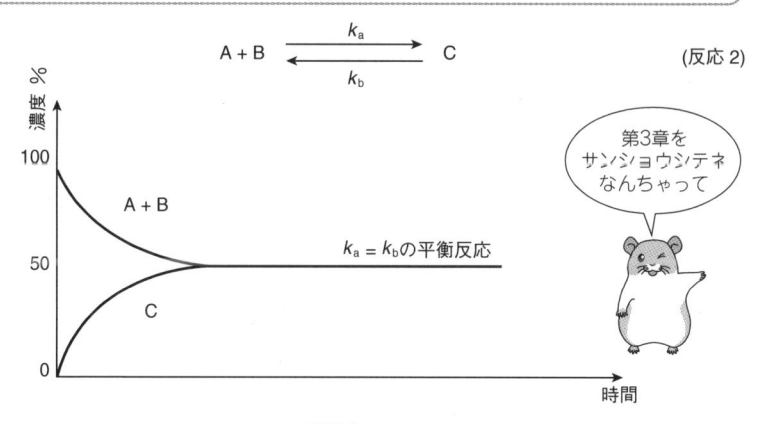

$$A + B \underset{k_b}{\overset{k_a}{\rightleftarrows}} C \quad \text{(反応 2)}$$

図7-1

$k_a = k_b$ の平衡反応

第3章を
サンショウシテネ
なんちゃって

ル・シャトリエの法則

$$A + B \rightleftarrows C - \Delta H \quad \text{(発熱)} \quad \text{(反応 3)}$$

$$\text{平衡定数} \quad K = \frac{[C]}{[A][B]} \quad (7\text{-}5)$$

定義デスヨ

	条件の変化	考察	結論
圧力	Cの濃度（分圧）を上げる	Kを一定にするためには[A], [B]を増やす	反応は左へ進む
	全体の濃度（分圧）を上げる	分母は濃度（分圧）の二乗である 分母を減らして分子を増やす	反応は右へ進む
	温度を上げる	発熱を抑える	反応は左へ進む

表7-1

第3節 固体，液体，気体の平衡

　相、聞き慣れない言葉かもしれない．相とは物質の状態を指す術語である．具体的には，固体あるいは結晶は固相，液体は液相，気体は気相といい，この三つをあわせて物質の 3 相というが，このほかに液晶相などという中間の相があることは第 1 章で見たとおりである．これらの相の間でも平衡が成立するのである．ここでは，この関係について見て行こう．

1 相

　水の 3 相はいうまでもなく，**液相の水**，**気相の水蒸気**，そして**固相の氷**である．液相から気相に変化する現象を**蒸発**，その反対を**凝縮**という．液相と固相は**融解**，**凝固**という現象で関係づけられ，固相と気相の間を取り持つのは**昇華**である．それぞれ図 7-2 に示した関係である．

　二つの相が同時に存在するとき，この二つの相は互いに相平衡にあるという．コップに水と氷を入れてテーブルの上に置くと，氷は少しずつ溶けて水になり，その融解熱で水を冷やして行く．やがて水と氷の温度が等しくなり，見かけ上変化が起きなくなったとき，氷と水，すなわち水の固相と液相が相平衡に達したという．このときの温度が融点である．同様に沸点では気相と液相が相平衡にあることになる．

2 相平衡とギブズ自由エネルギー

　反応 4 は固相と液相が平衡にあることを示す．固相，液相，各々のギブズ自由エネルギーを $G_{固}$，$G_{液}$と表すと，両者の差 ΔG は式 (7-6) で表される．式 (7-6) を分解して，エンタルピーの項を式 (7-7)，エントロピーの項を式 (7-8) で表す．すると，液体ではエンタルピー，エントロピーともに固体のものより大きいから式 (7-7)，(7-8) は不等式となる．しかし，一般に，固相と液相においてエンタルピーの差は小さいので，両者をほぼ一定とみなすと，式 (7-6) の関係は図 7-3 で表されることになる．

　すなわち，ある温度 T_f でギブズ自由エネルギーの差が 0 となる．この温度で固相と液相が平衡状態にあることになる．したがってこの温度 T_f が融点ということになる．

相

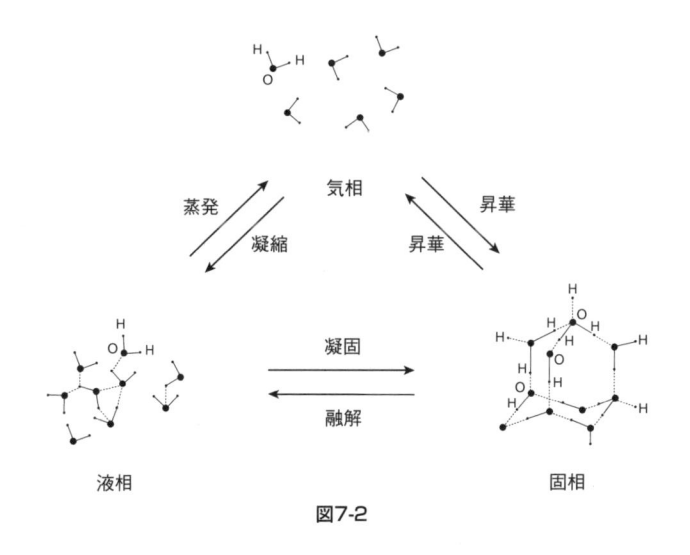

図7-2

相平衡とギブズ自由エネルギー

固相 ⇌ 液相 (反応4)
$G_{固}$　　　$G_{液}$

$$\Delta G = G_{液} - G_{固} = (H_{液} - TS_{液}) - (H_{固} - TS_{固}) \tag{7-6}$$

$$\Delta H = (H_{液} - H_{固}) > 0 \tag{7-7}$$

$$\Delta S = (S_{液} - S_{固}) > 0 \tag{7-8}$$

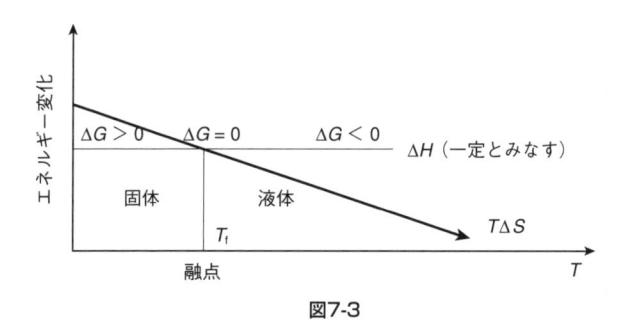

図7-3

3 蒸気圧と温度

　液体の蒸気圧を表す式に**クラジウス-クラペイロンの式**と呼ばれるものがある．式 (7-9) である．

　圧力 P の自然対数（$\ln P$）と絶対温度の逆数（$1/T$）の間に直線関係があり，その傾きが ΔH，すなわち相変化のエンタルピー変化（蒸発熱，融解熱など）を与える，というものである．

　この式を図にしたのが図 7-4 である．横軸は絶対温度の逆数，縦軸は圧力の対数である．実線部分が液相，点線部分は固相における飽和蒸気圧を表す．したがって各温度における沸騰圧力，あるいは逆に各圧力における沸点を表している．具体的には，1 気圧（縦軸目盛り 0）と直線の交点の温度が 1 気圧における沸点を表すことになる．

　傾きが相変化のエンタルピーを表すのだから，直線の傾きが急なほど蒸発，昇華のエンタルピーが大きいことになる．似たような大きさの分子メタン（CH_4），アンモニア（NH_3），水（H_2O）を比べるとアンモニア，特に水の蒸発エンタルピーが大きいことがわかる．これは水では分子間に水素結合が働いているため，何分子もの水分子が会合して，大きなグループとして行動していることを示すものである．

column　クラジウス-クラペイロンの式

　クラジウス-クラペイロンの式を導いてみよう．

　ギブズ自由エネルギー G（第 6 章，式 (6-30)）とエンタルピー H（第 5 章，式 (5-6)）はそれぞれ式 (C-1) で定義された．この二つの関係から，ギブズ自由エネルギーの変化分 ΔG は式 (C-2) で与えられることになる．ここに，内部エネルギー U（第 5 章，式 (5-4)）とエントロピー S（第 6 章，式 (6-5)）の定義式 (C-3) を代入すると式 (C-4) になる．

　式 (C-4) を変形し，エントロピーとエンタルピーを結ぶ式 $\Delta S = \Delta H/T$，および状態方程式 $PV = RT$ を代入して整理すると式 (C-5) となる．これを積分型に書き換えたものが式 (C-6) である．ここに積分公式 (C-7) を代入すると求めるクラジウス-クラペイロンの式 (7-9) が得られる．

蒸気圧と温度

$$\frac{d(\ln P)}{d\left(\frac{1}{T}\right)} = \frac{-\Delta H}{R} \tag{7-9}$$

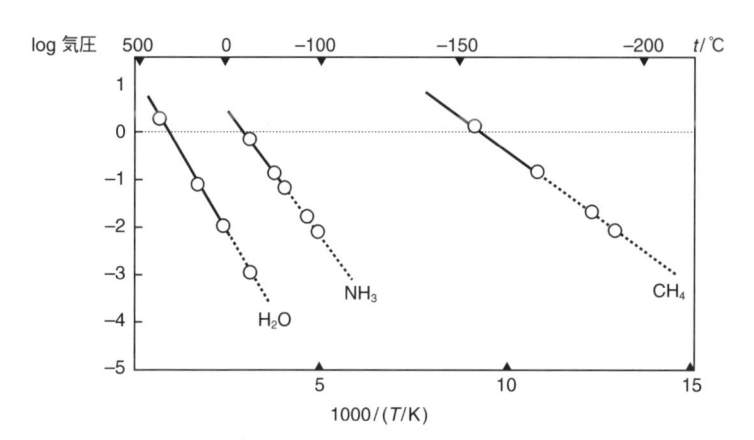

[関一彦, 物理化学, p.272, 図 6.8, 岩波書店 (1997)]

図7-4

式が多いと眠くナル

$$G = H - TS \qquad H = U + PV \tag{C-1}$$

$$dG = dU + PdV + VdP - TdS - SdT = 0 \tag{C-2}$$

$$dU = dQ - PdV, \quad dS = \frac{dQ}{T} \tag{C-3}$$

$$dG = VdP - SdT = 0 \tag{C-4}$$

$$\frac{dP}{dT} = \frac{\Delta S}{\Delta V} = \frac{1}{\Delta V}\frac{\Delta H}{T} = \frac{\Delta H}{R}\frac{P}{T^2} \tag{C-5}$$

$$\frac{dP}{P} = \frac{\Delta H}{R}\frac{dT}{T^2} \tag{C-6}$$

$$\frac{dP}{P} = d(\ln P), \quad \frac{dT}{T^2} = -d\left(\frac{1}{T}\right) \tag{C-7}$$

第4節 平衡を表す状態図

物質は一般に，固相，液相，気相の 3 相で存在することができる．水は固相の氷，液相の水，気相の水蒸気の 3 相をとることができる．しかし，水の場合，0 ℃で液体の水と固体の氷で共存し，100 ℃では液体の水と気体の水蒸気が共存するように，ある条件下では物質は同時に 2 相，もしくは 3 相をとることがある．

ある系のそれぞれの相は，温度，圧力，体積の関数として表現される．これらの関数と相の関係を表した図を状態図，もしくは相図という．当然のことだが，3 変数を同時に 2 次元平面に表示することは困難なので，通常は必要な 2 変数のみの関数として表現されることが多い．

1 自由エネルギー空間

純物質の，固相，液相，気相，それぞれのギブズ自由エネルギー G を $G_{固}$，$G_{液}$，$G_{気}$とし，これらが温度，圧力によってどのように変化するかを表したのが図 7-5 である．ちょっと複雑だが，図は温度 T，圧力 P を指定したときのギブズ自由エネルギーを縦軸に表したもので，T, P, G の 3 次元空間図である．

各温度，圧力で，固体，液体，気体の各状態がとるギブズ自由エネルギーが示されている．すなわち，各状態ごとに 1 枚のプレート状の自由エネルギー曲面を与える．

2 状態図（相図）

図 7-5 で，実際に安定に存在できるのはギブズ自由エネルギーの低い相である．そこで，図 7-5 の PT 平面に，ギブズ自由エネルギーの低い相を投影したのが図 7-6 である．直線や曲線の線分は相を表す自由エネルギー曲面の交わった箇所を示す．

図 7-6 で，固相，液相，気相と表示した領域はその相が安定に存在できる領域ということになる．そして両相を隔てる各線分は，両相が共存できる境界を表すことになる．

このような図を一般に**状態図**，あるいは**相図**という．

自由エネルギー空間

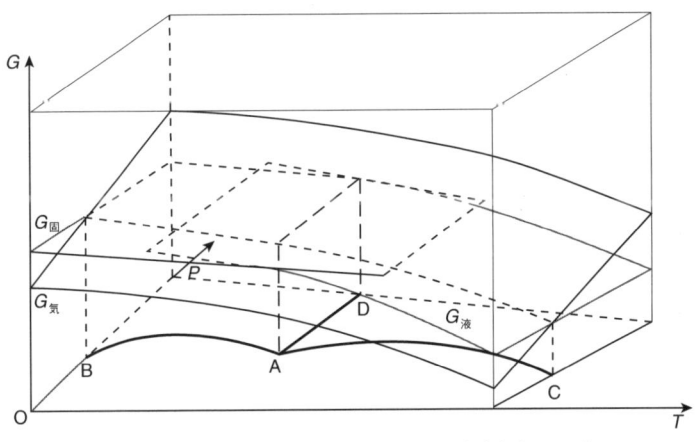

図7-5

[菅 宏, はじめての化学熱力学, p.105, 図7-1, 岩波書店(1999)]

状態図

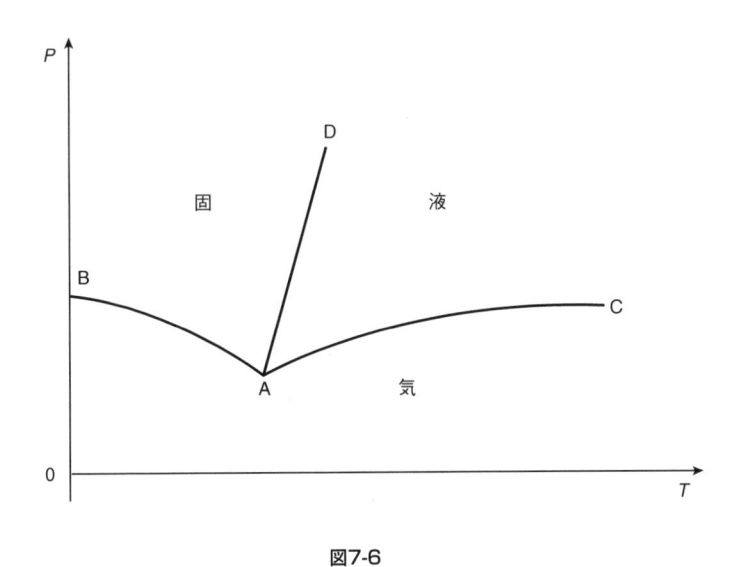

図7-6

第5節 相 律

　飲み水の温度は 15 ℃くらいがおいしく，お風呂は 42 ℃くらいがよい．このように，水の温度はわれわれの自由に設定できる．しかし，氷が溶けないように，水の中にたっぷりと氷を入れたら，氷が溶けきらないかぎり，水温は 0 ℃と決まってしまう．われわれに氷水の温度を指定する自由はない．
　飲み水やお風呂にはただ 1 相の水（液相）しか存在しない．それに対して氷水には氷（固相）と水（液相）の 2 相が存在する．この相の数がわれわれの温度を指定する自由度に関係しているのである．このような関係を表したのが相律と呼ばれるものである．

1 水の相図

　図 7-7 は水の相図である．固相，液相，気相は，各々図に示された領域で存在する．線分 da は固相と気相の境界，すなわち，固相と気相の 2 相が共存するところで昇華を表す．同様に線分 ab，線分 ac は融解（凝固），蒸発（凝縮）を表す．**点 a は三重点と呼ばれる点で，固相，気相，液相の 3 相が同時に存在する点である．点 c は臨界点**と呼ばれ，液相と気相の区別がなくなる点である．

2 相 律

　式 (7-10) を**相律**という．C は系を構成する物質の種類の数．水なら物質として 1 種類だから，何相であろうと C は 1 である．P は相の数．お風呂や飲み水なら P は 1 であり，氷水なら P は 2 である．f は**自由度**であり，温度と圧力のうち，われわれが自由になるものをいう．すなわち，自由度 2 なら，温度と圧力を自由に設定できるが，自由度 1 なら，どちらかしか自由にできない．
　線分 ac は蒸発を表し，線分上では気相と液相の 2 相が存在するから自由度は 1 である．すなわち，われわれの気の向くまま，圧力を 1 気圧と自由に設定したら，温度は一方的に 100 ℃と決まってしまう．すなわち，自由度は圧力を決めた 1 しかない．したがって 3 相が同時に存在する**三重点では自由度は 0 となる．**そのとおり，三重点は温度，圧力とも決まっており，それを自由に動かすことはできない．

水の相図

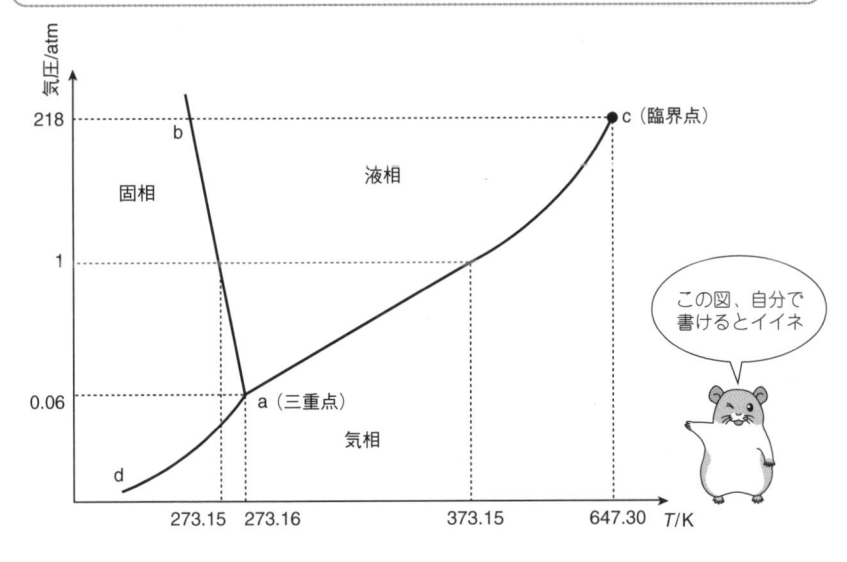

気圧/atm 軸に 218, 1, 0.06、T/K 軸に 273.15, 273.16, 373.15, 647.30 の目盛り。点 a（三重点）、点 c（臨界点）、点 b, d。領域は固相・液相・気相。

この図、自分で書けるとイイネ

図7-7

相　律

$$f = C + 2 - P \quad (7\text{-}10)$$

  f ：自由度
  C ：成分物質の種類数
  P ：共存する相の数

たいせつデース

3 寒 剤

　図 7-8 は寒剤といわれるものの状態を表したものである．温度と食塩濃度の関数であるが，これも状態図といわれる．寒剤は食塩と氷の混合物であり，温度が－21 ℃まで下がるので，実験室で手軽に扱える冷却剤としてよく使われるものである．また，逆にいうと－21 ℃まで凍らないので不凍剤としても使われる．

　寒剤では，氷が一部分溶けて水になると，食塩がその水に溶解する．氷の融解熱と食塩の溶解熱はともに吸熱反応なので，系の温度はさらに低下するというものである．この場合の成分数 C は水と食塩の 2 であり，相数 P は液相（食塩水），固相（氷），固相（食塩）の三つである．この 3 相共存のときに $f = 2 + 2 - 3 = 1$ となり，圧力を 1 気圧と指定すれば，残りの自由度はなくなり，系は自動的に点 A の－21 ℃に向かうことになる．このときの液体部分の食塩濃度は 23.3 %となる．

---

column　臨界溶液

　水の相図 図7-7 で点 c は臨界点であった．この点を超えた領域の状態を臨界状態といい，気相と液相の区別のつかない状態である．臨界状態の水とは具体的にどのような水であろうか．

　それは水に近い比重を持ち，水蒸気に近い分子運動を行う状態と考えることができる．すなわち，溶媒としての溶解力と高温気体としての激しい分子運動を持った状態である．今，このような臨界状態水を用いて図 C-1 の PCB, ダイオキシン，BHC などの公害物質を分解しようとの研究が行われている．これら塩素原子を含んだ公害物質は非常に安定であり，効率的な分解の方法が見つからなかった．

　図 C-2 のグラフはダイオキシンを超臨界水によって分解したデータである．400 ℃, 300 気圧の超臨界水で 30 分間処理すると 97.4 %のダイオキシンが分解されることを示している．過酸化水素や酸素を共存させると分解率はさらに上がる．研究はまだ途上であるが，有望な結果である．

　このほかに，二酸化炭素の臨界状態を有機化学反応の溶媒として用いる研究なども行われている．

寒剤

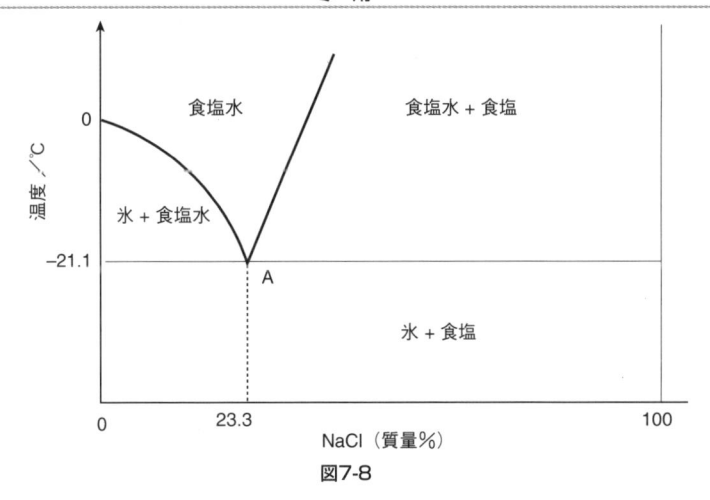

図7-8

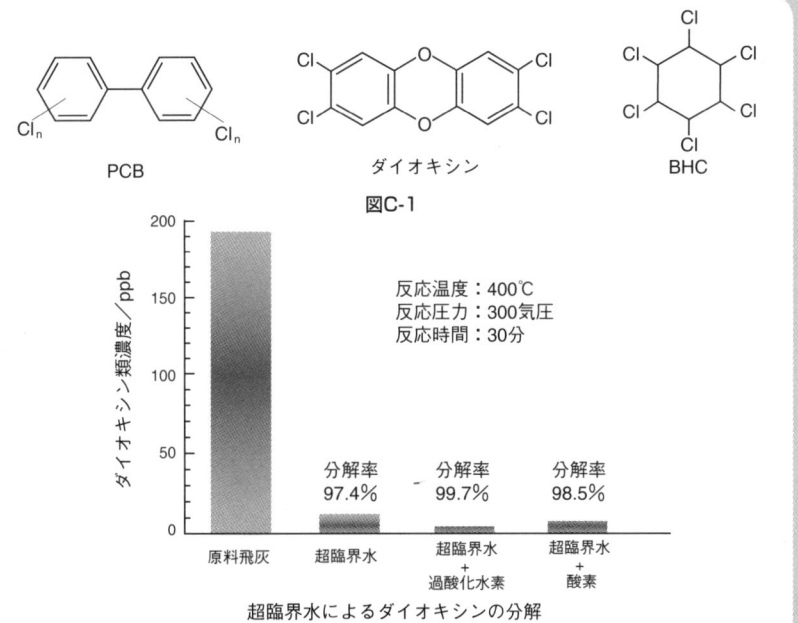

図C-1 PCB／ダイオキシン／BHC

図C-2 超臨界水によるダイオキシンの分解

反応温度：400℃
反応圧力：300気圧
反応時間：30分

- 原料飛灰
- 超臨界水　分解率 97.4％
- 超臨界水 + 過酸化水素　分解率 99.7％
- 超臨界水 + 酸素　分解率 98.5％

[物質工学技術研究所編, 安全な物質・優しい材料, p.94, 図2.7, 工業調査会 (1999)]

column 地球温暖化

　地球の昼の部分には太陽からの光がさんさんと降り注ぎ，大地も大気も暖まる．夜の部分では地熱も大気の熱も宇宙空間へ放散し，昼に上がった気温が下がって行く．夏に暖まり，冬に冷える．このようなことの繰り返しで地球の温度は一定の恒温状態を保っている．

　もし地球が暖まり続けたらどうなるか．ある試算によると，地球の平均気温が 2 ℃上がると，地上の氷が溶け，海水が熱膨張することによって海面が 50 cm 上昇するという．地球上のかなりの部分がオランダ化することになる．しかも，それは今世紀の末にも起こるという．

　何が原因なのか．一つは炭酸ガスの温室効果のせいだといわれている．炭酸ガスが太陽熱を取り込み，宇宙空間への放散を妨げるため，太陽熱がたまって地球の高温化を招いているのだという．それでは炭酸ガスの何が温室効果を招いているのか．一つは炭酸ガスの熱容量だといわれる．第5章第7節表 5-2 を見ればわかるように炭酸ガスの熱容量は酸素や窒素に比べて大きい．そのため，熱をため込む力が強くなるのである．メタンも熱容量が大きいので，同じように温暖化の原因の一つといわれている．

　炭素を燃やせば炭酸ガスは必然的に排出される．そこで，炭素，特に化石燃料の燃焼を制限しようとの試みがいろいろと試されている．ガソリンの代わりに水素を燃焼させる燃料電池自動車などもこのような試みの一つである．

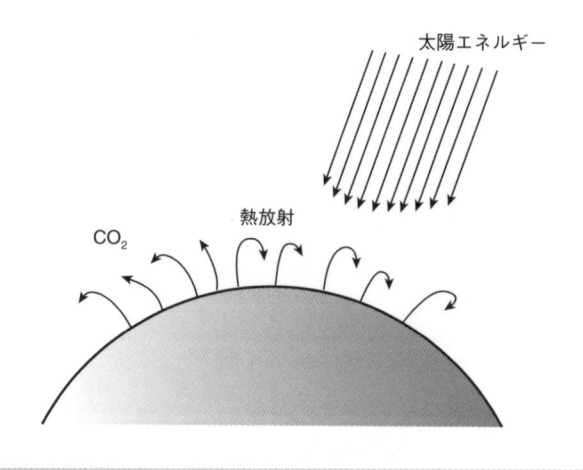

太陽エネルギー

熱放射

CO_2

第 II 部 溶液の化学

8章 溶液の性質

実験室で行う反応の多くは溶液中での反応である．溶液の性質を知ることは反応を理解するうえでも，たいせつなことである．

第1節 物質の溶けやすさ

溶液とはある物質を溶かしている液体である．このとき，溶けている物質を溶質，溶かしている液体を溶媒という．食塩水では食塩が溶質，水が溶媒である．溶質が溶媒に溶ける程度を溶解度という．

1 溶 解

イオン結合からできた食塩は極性溶媒の水に溶けるが，金属の亜鉛は水に溶けない．逆に，亜鉛は金属の水銀に溶けるが食塩は溶けない．このように，溶質と溶媒の間には，溶かすものと溶かさないものがある．

一般に**似たものは似たものを溶かす**といわれ，物質は自分と似た性質の液体に溶ける傾向がある．表8-1に溶けるものと溶かすものとの組み合わせを示した．

2 温度依存性

砂糖を水に入れてもよく溶けないが，温めてやると溶ける．一般に物質は温かい溶媒にはたくさん溶け，冷たい溶媒にはあまり溶けない．このように，溶解度には温度依存性がある．図8-1にこのような温度依存性を示した．

3 溶媒和

溶液中の溶質は溶媒分子に囲まれている．**溶質と溶媒の間に，特別の親和関係があるとき，この関係を溶媒和という**．溶媒和の原動力の大きなものはクーロン力である．

図8-2に極性の溶質分子が溶媒である水によって溶媒和（水による溶媒和を特に**水和**という）されるようすを示した．マイナスの電荷を帯びた溶質には水分子のプラス部分である水素原子が近づき，プラスに荷電した溶質には水分子の酸素原子部分が近づいて溶媒和する．

溶液の性質

溶解

溶質	結晶の種類	イオン結晶	分子結晶	金属結晶
	物質	NaCl	ナフタレン	Zn
溶媒	極性溶媒 H_2O	可溶	—	—
	無極性溶媒 エーテル	—	可溶	—
	金属 Hg	—	—	可溶

表8-1

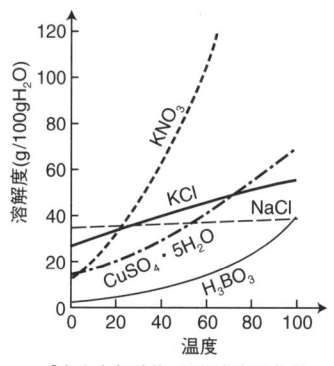

図8-1

[春山志郎監修, 新編高専の化学, p.77, 図 3.15, 森北出版 (1994)]

溶媒和

図8-2

第1節◆物質の溶けやすさ

第2節 固体が溶ける

一般に固体は気体には溶けにくいが液体には溶けやすい．これは液体溶媒の溶媒和能力によるところが大きい．

1 格子破壊と水和

電解質の固体が水に溶解する過程は図 8-3 の二段階過程として考えることができる．固体で格子状に並んでいたイオンは固体から遊離して自由イオンとなる．この過程を**格子破壊**過程と呼ぶ．次いで自由イオンは水によって**水和**され**水和イオン**となる．水和によって系は安定化されるので，エンタルピー的には有利である．しかし，系の乱雑さは減少することになり，エントロピー的には不利になる．**水和エンタルピー**とエントロピーを表 8-2 に示した．

水和エンタルピーは電荷密度の大きいイオンで強くなる．これは電荷数が大きく，イオン半径が小さいほうが有利なことを意味する．Ca^{2+} の値が大きいのは電荷数による．Cl^-，Br^-，I^- と小さくなるのはこの順にイオン半径が大きくなり，電荷密度が小さくなることによる．

2 エンタルピー変化

図 8-4 は溶解過程のエンタルピー変化を表す．格子破壊には外部エネルギーを要するから吸熱過程であり，水和はイオンの安定化を伴うから発熱過程である．このエンタルピー差が**溶解のエンタルピー**となる．これは**溶解熱**と呼ばれ，第 7 章第 5 節の寒剤の例で見たように，NaCl では吸熱となる．

いくつかの電解質に対する溶解熱と**格子エネルギー**を表 8-3 に示した．

NaCl の溶解熱は 4 kJ/mol であるが AgCl で 63 kJ/mol と大きいのは AgCl の格子エネルギーの大きさが効いているのである．AgCl，AgBr，AgI と溶解熱が大きくなっているのは Cl^-，Br^-，I^- の水和エンタルピーがこの順に小さくなっていることによる．

溶解熱には $CaCl_2$ のように発熱のものもあり，これは Ca^{2+} の大きい水和エンタルピーによるものである．

格子破壊と水和

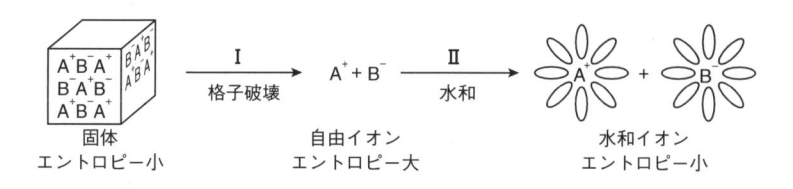

図8-3

	イオン					
	Na$^+$	Ca^{2+}	Ag$^+$	Cl$^-$	Br$^-$	I$^-$
水和エンタルピー kJ/mol	−443	−1666	−513	−340	−321	−268
水和エントロピー J/K·mol	−108	−252	−114	−77	−62	−39

表8-2

エンタルピー変化

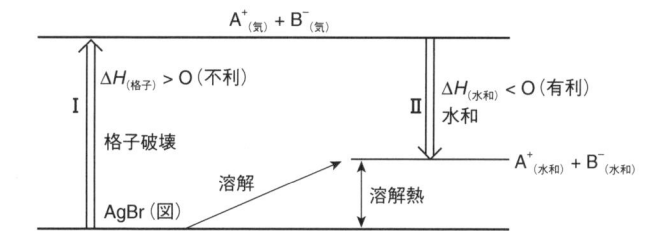

図中:
$A^+_{(気)} + B^-_{(気)}$

I: $\Delta H_{(格子)} > 0$（不利）　格子破壊
II: $\Delta H_{(水和)} < 0$（有利）　水和

$A^+_{(水和)} + B^-_{(水和)}$

AgBr（固）　溶解　溶解熱

図8-4

	電解質					
	NaCl	AgCl	AgBr	AgI	CaCl$_2$	NH$_4$NO$_3$
溶解熱　　　kJ/mol	+4	+63	+69	+108	−81	−26
格子エネルギー kJ/mol	786	916	903	889		

表8-3

第3節 気体が溶ける

固体ばかりでなく，気体も液体に溶ける．コーラには炭酸ガスが溶けており，水には空気が溶けている．その空気（酸素）を吸って魚が生きている．

1 気体溶解度と温度

金魚鉢の金魚が水面に口を出すのは空気を吸うためである．水中に空気が十分溶けていればそんなことをする必要はないが，水中の空気が少なくなると金魚は直接空気を吸いに来る．そして，こういう現象は夏に多い．

図8-5は1気圧の下で1 mLの水に溶ける気体の体積の温度変化を示したものである．金魚センサーのとおり，温度が上がると溶解度が減少していることがわかる．同時に，気体によって溶解度に差があることもわかる．炭酸ガスの溶解度（右側の目盛り）が大きいのは炭酸ガスが極性分子であるため，同じ極性分子の水に溶けやすくなるためである．

2 ヘンリーの法則

ヘンリーは気体の溶解度に対して次のような法則を発見した．

一定温度の下で一定量の液体に溶ける 気体の重量 は圧力（分圧）に比例する．

この関係を表したのが図8-6である．縦軸は0℃で溶けた気体の体積を1気圧に換算した値である．したがって，変化量は重量の変化量と同じである．水素，窒素，ヘリウムでは圧力の増加とともに溶解度が上がっている．炭酸ガスが50℃で頭打ちになっているのは飽和量に達したためである．

ところで，気体の体積は圧力に反比例することを考えれば，ヘンリーの法則は次のように表現することもできることになる．

一定温度の下で一定量の液体に溶ける 気体の体積 は圧力に無関係である．

気体溶解度と温度

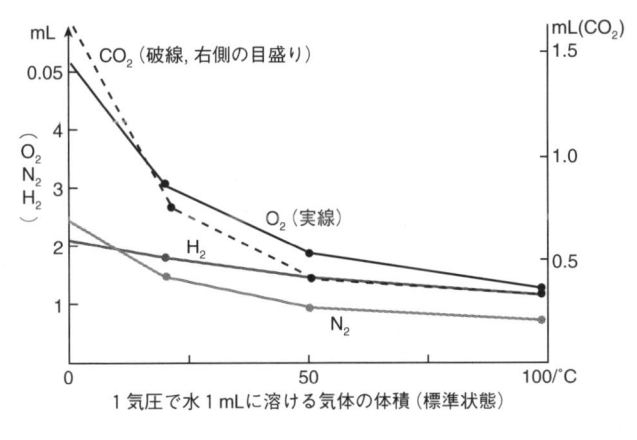

図8-5

ヘンリーの法則

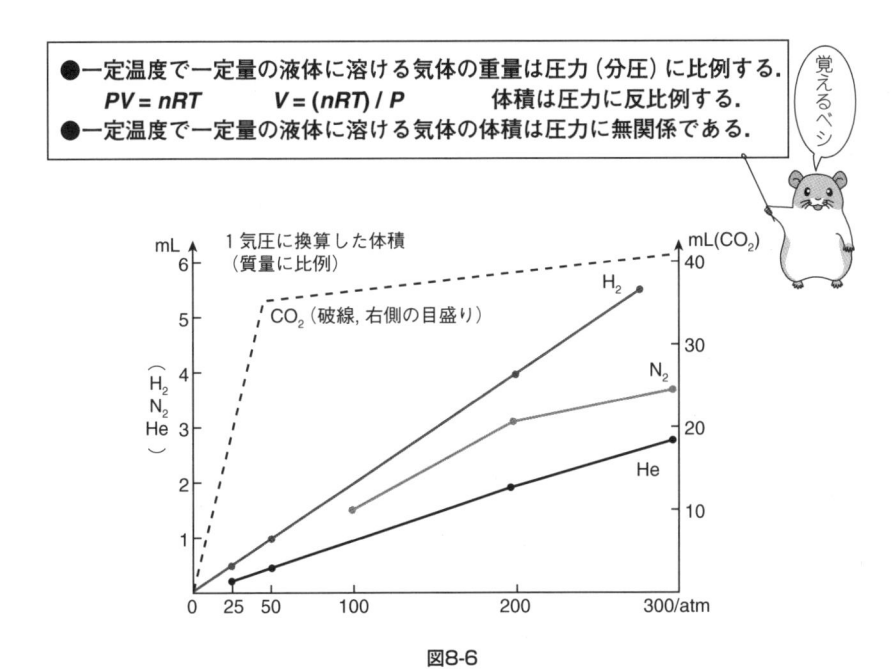

- 一定温度で一定量の液体に溶ける気体の重量は圧力（分圧）に比例する．
  $PV = nRT$　　$V = (nRT) / P$　　体積は圧力に反比例する．
- 一定温度で一定量の液体に溶ける気体の体積は圧力に無関係である．

覚えるベシ

図8-6

第3節◆気体が溶ける

第4節 溶液の蒸気圧

　液体中の分子は，分子間引力により，互いに引き合っている．液体分子は十分なエネルギーを持つことができれば，周りの引力を振り切って，気体として空中に飛び出す．この分子が示す圧力が蒸気圧である．第 7 章，図 7-4 で見たように蒸気圧は温度とともに上昇した．蒸気圧が大気圧と等しくなったときが沸騰である．

1 蒸気圧と分圧

　図 8-7 はベンゼンとトルエンの混合物の示す蒸気圧である．P が液体全体としての蒸気圧，P_B，P_T はそれぞれベンゼン，トルエンの示す分圧である．P_B と P_T の和が P となっている．

2 ラウールの法則

　フランスの化学者ラウールは溶液の蒸気圧に関する法則を発見した．それは式 (8-1) で表されるものである．すなわち，**液体 A，B の混合物における各成分の分圧はモル分率に比例するというものである．これを発見者の名前をとってラウールの法則という．**

　図 8-7 のベンゼンとトルエンの混合物は，ラウールの法則を忠実に表現する結果となっている．しかし，いつもこのような理想的な結果が与えられるとはかぎらない．図 8-8 はクロロホルムとアセトンの混合物の蒸気圧曲線である．実線が実験値，点線はラウールの法則に従った場合の仮想値である．明らかに違いがある．

　このような法則とのズレが起こる理由の一つは，液体を構成する成分分子の分子間力に違いがあることである．分子が気体として空中へ飛び出すには周りの分子からの分子間力を断ち切らなければならない．ところが，アセトンとクロロホルムの間には図 8-9 に示したクーロン力が働く．そのため，両者が混じったときには両分子間に引力が働いて，分子が空気中へ飛び出しにくくなったわけである．

蒸気圧と分圧

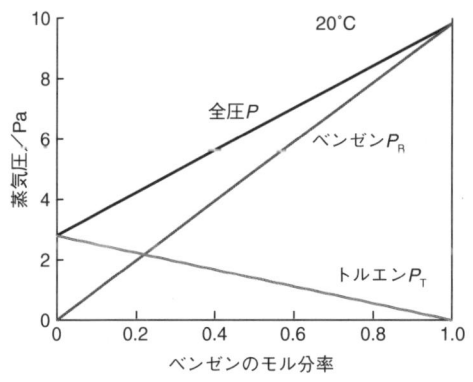

図8-7

[R. Fall and T. Wright, *J. Phys. Chem.*, **31**, 1884(1972)]

ラウールの法則

$$P = P_A + P_B \quad (8\text{-}1)$$

$$P_A = P_A^0 \frac{n_A}{n_A + n_B} \quad P_B = P_B^0 \frac{n_B}{n_A + n_B} \quad (8\text{-}2)$$

P_A^0, P_B^0：純粋なA, Bの蒸気圧

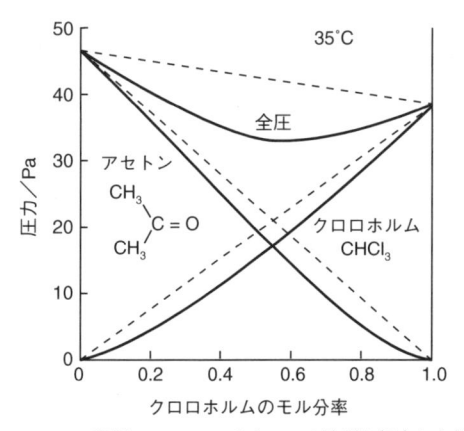

たいせつデース

―――：実測　----：ラウールの法則を仮定した値

[J. Von Zawidzki, *Z. Phys. Chem.*, **35**, 129(1900)]

図8-8　　　　　　　　　　　　図8-9

第4節◆溶液の蒸気圧

第5節 沸点と融点

　低温でも液体の表面からは分子が気体となって空中へ飛び出している。この分子が示す圧力が蒸気圧である。蒸気圧は温度とともに上昇し、ついにある温度で蒸気圧と大気圧が等しくなる。この温度が沸点である。

　一方液体を冷却して行き、ついに液体が固体となった温度が凝固点（融点）である。純粋物質の液体にほかの物質を混ぜた溶液の沸点、融点がどのような挙動を示すかを見て行こう。

1 蒸気圧降下

　図 8-10A は純溶媒から溶媒分子が蒸発するときのようすである。溶媒分子が大気中に飛び出している。

　図 B は不揮発性溶質を含んだ溶液から溶媒分子が飛び出すときのようすである。ここでは不揮発性の溶質分子に妨げられて溶媒分子が飛び出しにくくなっている。これは図 B では蒸気圧が低くなっていることを示す。このように、**不揮発性の分子を溶かした溶液の蒸気圧は純溶媒より低くなる**。

2 溶液の状態図

　図 8-11 は水と水溶液の状態図である。

　実線は水そのものの状態図であり、第 7 章第 5 節で見たものと同じである。点線で表したものが、水に不揮発性の溶質を混ぜた溶液の状態図である。前項で見た理由により、**水溶液の蒸気圧は純粋溶媒である水の蒸気圧より低くなっている**ことがわかる。すなわち、図右側の破線 AB をたどればわかるように、100 ℃での純水の蒸気圧（C）は 1 気圧であるが、溶液の蒸気圧（D）は明らかに 1 気圧より低い。

蒸気圧降下

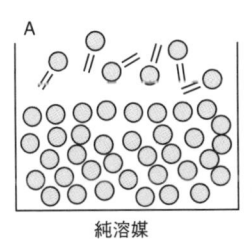

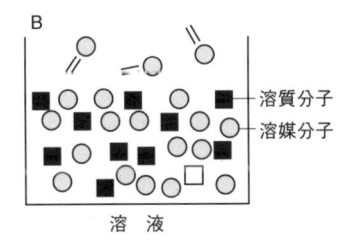

図8-10

溶液の状態図

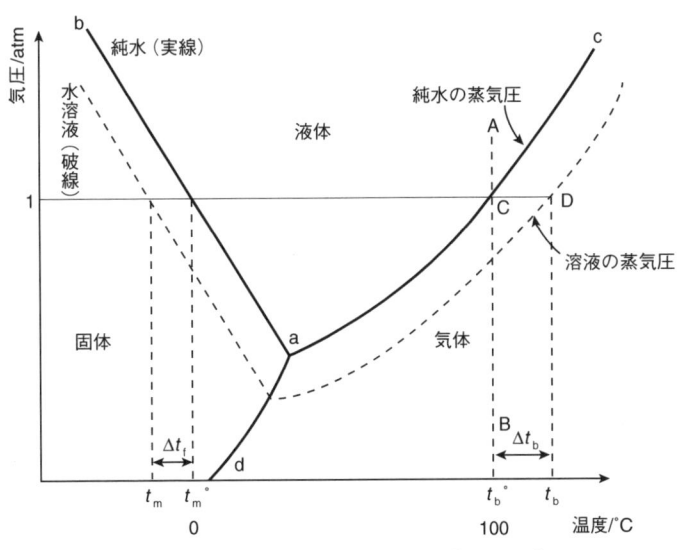

[小出力, 読み物熱力学, p.130, 図6.7, 裳華房(1998)]

図8-11

3 沸点上昇と凝固点降下

溶液の沸点は純粋溶媒の沸点より高くなる．これを**沸点上昇**という．沸騰したなべ物の温度は 100 ℃以上である．体にかかったら大やけどである．反対に溶液の融点は低くなる．海水は 0 ℃では凍らない．これを**凝固点降下**という．

沸点上昇は図 8-11 における蒸発曲線と 1 気圧を示す線分との交点の温度を見れば明らかである．このときの温度が沸点となる．明らかに水溶液の沸点 t_b が水の沸点 $t_b°$ より高温側にある．同様に，融点に関しては t_m は $t_m°$ より低温側にあることがわかる．

液体の沸点が純粋溶媒の沸点に比べて上昇する温度 Δt_b は式 (8-3) で示されるように，溶質のモル分率（式 (8-5)）に比例する．比例定数 K_b を**モル沸点上昇度**といい，各溶媒に固有の値である．いくつかの物質のモル沸点上昇度を表 8-4 に示した．

融点に関しても同様の式 (8-4) が成立する．比例定数 K_f を**モル凝固点降下度**という．モル凝固点降下度は昔，分子量測定に用いられた歴史がある．

column 安息香酸の分子量

安息香酸は図 C-1 の分子である．分子式は $C_7H_6O_2$ であるから分子量は 122 である．マススペクトルで測定した分子量は確かに 122 であり，理論値と一致する．ところが安息香酸をベンゼンに溶かし，そのベンゼンの凝固点降下から分子量を計算すると 122 とはならない．何と約 244 となるのである．理論値の 2 倍である．ベンゼン中では安息香酸の分子量は 2 倍になるのか．そんなことはありえない．答えは図 C-2 である．

ベンゼン中では安息香酸は 2 分子が合体しているのだ．マイナスに荷電した C=O 結合の O 原子とプラスに荷電した OH 結合の H 原子の間のクーロン力によって互いに引き合った結果，合体してしまったのだ．したがってベンゼン中の安息香酸は図 C-1 の分子ではなく，図 C-2 の合体分子なのだ．したがって分子量も合体分子の分子量，244 として観測されたのだ．

同じような合体が図 C-3 の化合物で起きたらどうなるか．ちょうど 6 分子が合体した大きな六角形分子，図 C-4 ができることになる．実際にこうなることが確認されている．このように，分子が集合してより高次の構造体になったとき，その構造体を超分子ということがある．

沸点上昇と凝固点降下

$\Delta t_b = K_b m_質$ (8-3)

$\Delta t_f = K_f m_質$ (8-4)

$m_質 = \dfrac{M_質}{M_溶 + M_質}$ (8-5)

$M_質$：溶質モル数
$M_溶$：液媒モル数

K_b：モル沸点上昇度　　K_f：モル凝固点降下度

溶媒		沸点(℃)	モル上昇(度) K_b	凝固点(℃)	モル降下(度) K_f
水	H₂O	100	0.52	0	1.86
ベンゼン	C₆H₆	80.2	2.57	5.5	5.12
酢酸	C₂H₄O₂	118.1	3.07	16.7	3.9
ナフタレン	C₁₀H₈	218	5.80	80.2	6.9
ショウノウ	C₁₀H₁₆O	209	6.09	178	40.0

表8-4

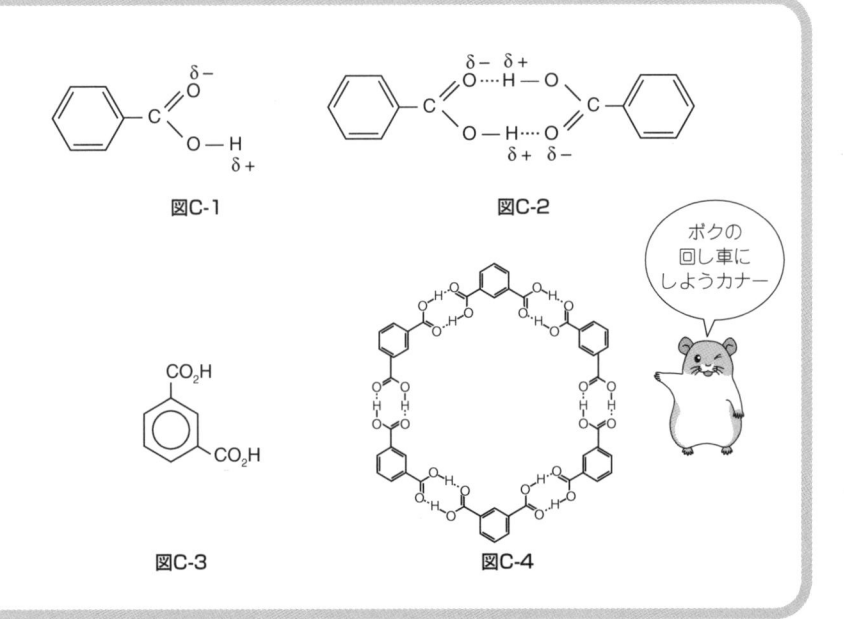

図C-1

図C-2

図C-3

図C-4

ボクの回し車にしようカナー

4 分留

　液体の混合物を沸点の違いによって各成分に分離することを蒸留あるいは分留という．基本的な化学の実験技術であり，工業の生産現場で欠かせない技術である．この原理を考えてみよう．

　沸点 T_A の物質 A と沸点 T_B の物質 B からなる混合物の状態図は図 8-12 となる．横軸は成分濃度であり，縦軸は温度である．液相線より下では全成分が液体として存在し，気相線より上では全成分が気体として存在する．気相線と液相線に挟まれた領域では気相と液相が共存する．

　今，組成 a の混合物を加熱したとする．温度は点線に沿って上昇するが，線分 aa 間では液体のままである．やがて温度 T_1 に達したところで沸騰が始まる．このとき，気体として蒸発するのは混合物の気体であり，その組成は b である．気体 b は蒸留塔を上るにつれて温度が降下し，一部は液化する．温度 T_2 になったときに液化した液体の組成は d であり，気体の組成は c である．気体 c がさらに温度降下して T_3 になったとすると，そのときの気体組成は e である．

　以上の分別が蒸留塔の中で自動的に繰り返される．その結果，最終的に気体の成分は A の純品に近いものとなる．この気体を冷却することにより，液体 A を分留するのが蒸留である．

5 共沸混合物

　混合溶液の状態図はいつも図 8-12 のようになるとはかぎらない．

　図 8-13 では気相線，液相線が組成 c のところで極小値を持っている．今，組成 d の溶液を分留したとしよう．前項と同じ操作で出てくるのは組成 c の混合物でしかない．この組成 c の混合物を**共沸混合物**という．**このような混合物を純粋の A，B に分離することは蒸留では不可能である**．まったく別の原理に基づく分離法でなければ分離できない．

　水（A）とベンゼン（B）の混合物がこのような例になる．共沸混合物 c の沸点はベンゼンの沸点（80 ℃）より，また，水の沸点（100 ℃）よりも低い 69 ℃である．不純物として水が入ってしまった系から，できるだけ低い温度で水を除きたいときには，これが役に立つ．すなわち，この系にベンゼンを加えて蒸留し，ベンゼンといっしょに水を除いてしまうのである．有機化学実験のちょっとしたテクニックである．

分留

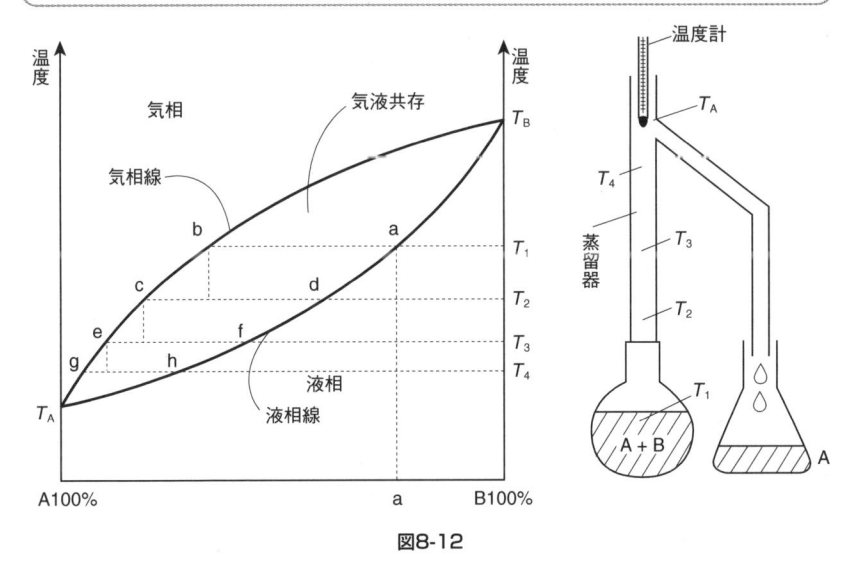

図8-12

共沸混合物

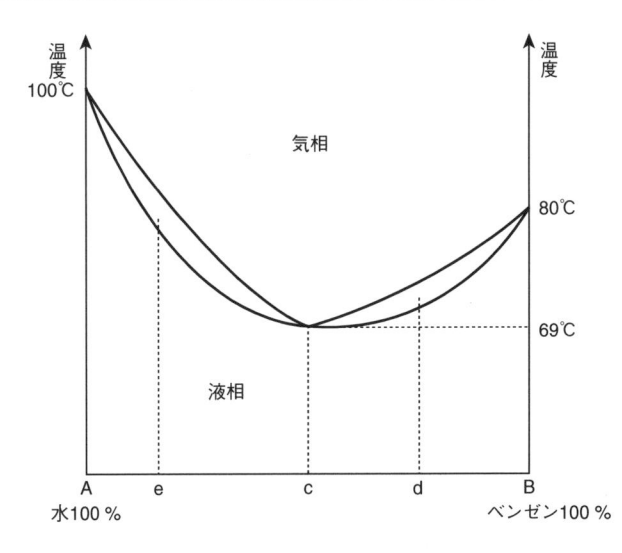

図8-13

第6節 半透膜と浸透圧

　サケやウナギなどの例外を除けば，海水魚は海で生活し，淡水魚は川や湖で生活する．梅酒に使った梅はかわいそうなくらいシワシワになっている．これらは浸透圧のせいである．浸透圧は半透膜のあるところに発生する．細胞膜は代表的な半透膜である．

1 半透膜

　図 8-14A のように，水槽を適当な布，例えばハンカチでしきって，片側に溶液，反対側に溶媒だけを入れる．どうなるだろうか．溶媒も溶質もハンカチの目をやすやすと通ることができる．その結果，互いにハンカチを通って行き来し，最終的には図 B のように，ハンカチの両側に同じ濃度の溶液ができることになる．

　しきった膜を変えてみよう．図 C のように半透膜を使う．**半透膜とは溶媒の小さな分子は通すが，溶質の大きな分子は通さない，目の細かな膜のことである**．溶媒は膜を通れるから，左側の溶液側へ移動するが，溶質は移動できない．その結果，溶液側は移動してきた溶媒の分だけ体積が増えることになる．結果として溶液側と溶媒側とで液面の高さに差 h ができることになる．これが**浸透圧**である．

2 浸透圧

　図 8-15A のように，溶媒の入った水槽に溶液の入った容器を入れる．容器はピストンになっていて底は半透膜になっている．溶媒分子は半透膜を通ってピストン内に入るから，図 B のようにピストンは高さ h だけ上がり，溶液の体積は V' となる．

　この図 B のピストンに力 π を加えて押し下げ，元の高さに下げた．この力，すなわち圧力 π を浸透圧という．オランダの化学者ファントホッフは浸透圧が式 (8-6) で与えられることを発見した．この式を**ファントホッフの式**という．状態方程式とよく似た形の式である．

半透膜

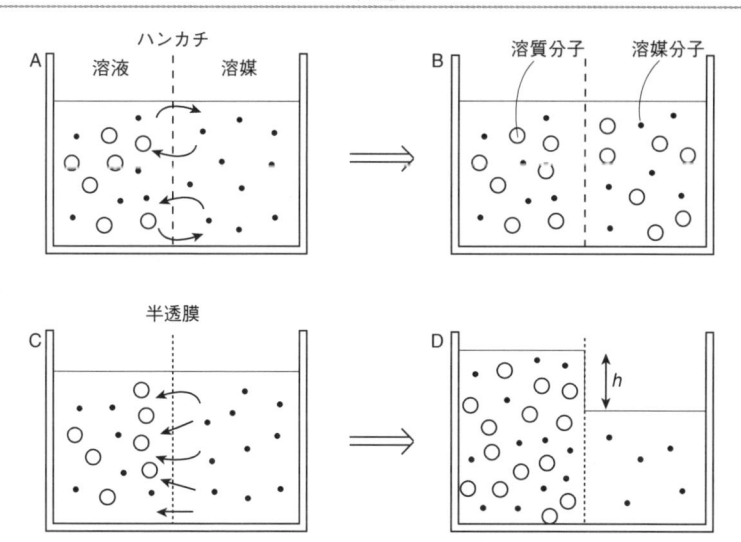

図8-14

浸透圧

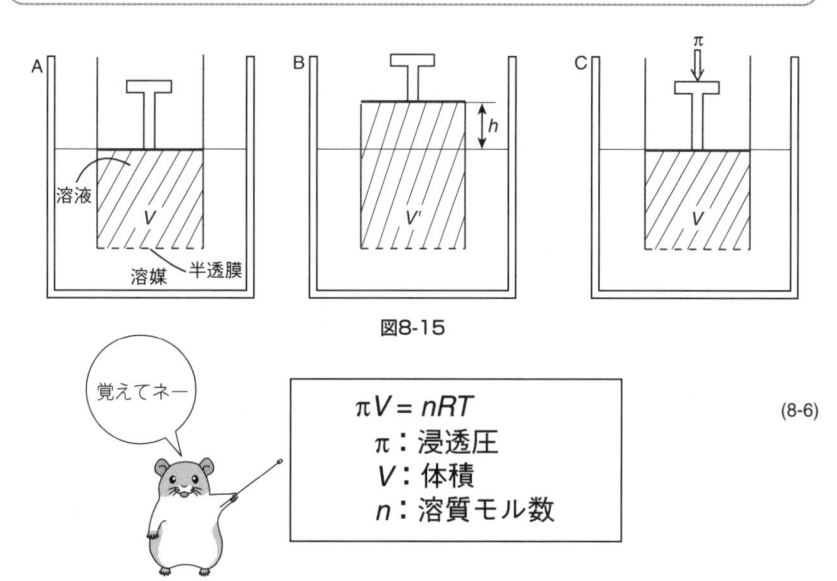

図8-15

$$\pi V = nRT \quad (8\text{-}6)$$

π：浸透圧
V：体積
n：溶質モル数

覚えてネー

9章 電解質溶液

　分子が水に溶けて陽イオンと陰イオンに分かれることを電離といい，電離することのできる物質を電解質という．代表的なものは酸，塩基，および酸と塩基の反応で生じる塩である．ここでは電解質の溶液を見て行くことにする．

第1節 酸，塩基とは何か

　酸と塩基とは何だろう．水素イオン H^+ を出すものが酸で，水酸化物イオン OH^- を出すものが塩基である，といいたいが，実はそんなに単純でもない．まず，酸と塩基の定義から見て行こう．

　酸，塩基の定義は三つある．アレニウスによる定義，ルイスによる定義，そしてここで述べるブレンステッドとローリーによる定義である．各々の定義の基本的な違いは，酸，塩基として扱う物質の範囲の違いである．アレニウスの定義がいちばん狭く，ルイスの定義がいちばん広い．

1 ブレンステッド-ローリーの定義

　デンマークの化学者ブレンステッドとイギリスの化学者ローリーによって提出された定義では，酸，塩基を水素イオン H^+ だけで定義する．
　定義は次のようなものである．これは絶対に暗記すべきものである．
水素イオン H^+ を出すものが酸で，受け取るものが塩基である．
　この定義によれば，酸塩基の範囲はかなり広がることになる．
　反応 1 を見てみよう．HA は電離して H^+ を放出するから酸である．では電離の結果生じた陰イオン A^- は何だろう．A^- は H^+ を捕まえて酸 HA に戻る．これは塩基ではないか．そのとおりで，これを酸 HA の共役塩基という．してみれば酸 HA は塩基 A^- の共役酸でなければならない．
　反応 2 は酸と塩基の間で H^+ を交換している例である．
　反応 3，4 のように，水も，ブレンステッドの定義では酸になったり塩基になったりすることになる．

電解質溶液

pH (レモン) = 2

pH (セッケン) = 10

ブレンステッド-ローリーの定義

酸：H^+を放出するもの
塩基：H^+を受け取るもの

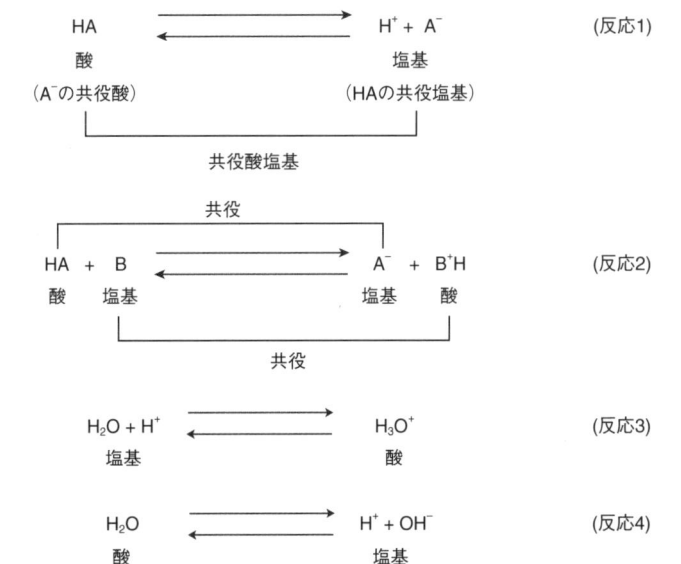

$$HA \rightleftharpoons H^+ + A^-$$ （反応1）

酸　　　　　　　　　塩基
（A^-の共役酸）　　　（HAの共役塩基）

共役酸塩基

共役

$$HA + B \rightleftharpoons A^- + B^+H$$ （反応2）

酸　塩基　　　　塩基　酸

共役

$$H_2O + H^+ \rightleftharpoons H_3O^+$$ （反応3）

塩基　　　　　　酸

$$H_2O \rightleftharpoons H^+ + OH^-$$ （反応4）

酸　　　　　　塩基

第1節◆酸，塩基とは何か

2 アレニウスの定義

スウェーデンの化学者アレニウスの定義によるものである．
水素イオン H^+ を出すものが酸で，水酸化物イオン OH^- を出すものが塩基である，とまことに単純明快である．反応 5 と 6 がそれぞれ酸，塩基である．

3 ルイスの定義

アメリカの化学者ルイスは酸塩基を電子論的に定義することを試みた．その結果が次の，非共有電子対を用いた定義である．
非共有電子対を受け取るものが酸で，出すものが塩基である．
反応 7 に示すように，非共有電子対の授受であるから，配位結合の生成に関係した定義ということになる．そのせいもあって，ルイスの定義は酸塩基を取り扱う場合より，錯体を中心とした反応で活躍することが多い．反応 8 は配位結合の説明に使われる反応である．

4 HSAB 理論

Hard and Soft Acids and Bases の頭文字をとって HSAB 理論と呼ばれるこの理論では**酸，塩基を硬いものと軟らかいものに分類する．**
BH_3 と BF_3 はともに空軌道を持ち，非共有電子対を受け入れるのでルイスの定義の酸である．ところが BH_3 は CO や H^- といった塩基と反応するのに対して BF_3 はこれらと反応せず，代わりに F^- と反応する．このようにルイス酸塩基には互いに反応する際の相性がある．これを説明するのが HSAB 理論である．
図 9-1 に示したように，**硬いものどうし，軟らかいものどうしは反応するが，硬いものと軟らかいものは反応しにくい，**これが HSAB 理論である．
硬い酸塩基，軟らかい酸塩基のいくつかを表 9-1 に示した．
硬いもの，軟らかいものの持つ特色を表 9-2 にまとめた．
イオン半径の大小による区分けはイオンの電子雲の変形しやすさと結びついており，変形しやすいものが軟らかく，変形しにくいものが硬いとすれば説明される．正電荷数が大きければ電子雲は原子核に強く拘束されるので電子雲は変形しにくい．したがって硬い．負電荷数が大きければ電子雲が広がるわけだから電子雲の形は変形しやすくなり，したがって軟らかいというわけである．

アレニウスの定義

$$\text{酸} \quad HA \rightleftarrows H^+ + A^- \quad \text{(反応5)}$$

$$\text{塩基} \quad BOH \rightleftarrows B^+ + OH^- \quad \text{(反応6)}$$

ルイスの定義

$$A\text{(空軌道)} + B\text{(非共有電子対)} \longrightarrow A\text{-}B \quad \text{(反応7)}$$
$$\text{酸} \qquad \text{塩基} \qquad\qquad \text{配位化合物}$$

$$H_3B + :NH_3 \longrightarrow H_3B-NH_3 \quad \text{(反応8)}$$
$$\text{酸} \qquad \text{塩基}$$

HSAB理論

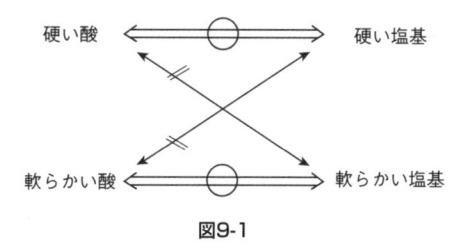

硬い酸 ⇌ 硬い塩基

軟らかい酸 ⇌ 軟らかい塩基

図9-1

	酸	塩基
硬い	H^+, BF_3^+, Mg^{2+}	F^-, O^{2-}, SO_4^{2-}
中間	SO_2, $B(CH_3)_3$	NO_2, Br^-, アニリン
軟らかい	Cu^+, Cu^{2+}, I_2, BH_3	H^-, I^-, S^{2-}, CO

表9-1

	イオン半径	正電荷数	負電荷数
硬い	小	大	小
軟らかい	大	小	大

表9-2

第2節 電解質が電離する

電解質がプラス，マイナスのイオンに分解することを電離という．電離しやすさの程度を表すものとして電離度と電離定数がある．

1 電離度

反応 9 は電解質 AB が電離して陽イオン A^+ と陰イオン B^- を与えるものである．

反応の初めには A^+，B^- は存在せず，AB だけしか存在しなかったとし，AB の最初の濃度，すなわち初濃度 $[AB]_0$ を c mol とする．反応が進行して，AB の α mol が反応したとしたら，AB，A^+，B^- の量はそれぞれ反応 9 に示したとおりとなる．

このとき，AB の電離した割合を式 (9-1) で表し，この値 α を**電離度**という．電離度は電解質の電離のしやすさを直接的に表す数値として有用である．いくつかの電解質の濃度 0.1 mol/L における電離度を表 9-3 に示した．塩酸（HCl）や硝酸（HNO_3）などの強酸や水酸化カリウム（KOH），水酸化ナトリウム（NaOH）などの強塩基は電離度が1に近く，溶液中の電解質はほぼすべてがイオン化していると考えられる．それに対して酢酸（CH_3COOH），炭酸（H_2CO_3）などの弱酸やアンモニア（NH_3）などの弱塩基はあまり電離していないことがわかる．それに比べて塩類はよく電離している．

2 電離定数

図 9-2 は酢酸の電離度が濃度によって変化するようすを表したものである．濃度によって大きく影響されていることがわかる．弱酸も希薄溶液中ではかなりの割合で電離していることがわかる．このことから，電離度で電離のしやすさを比較するときには，同じ濃度での電離度を用いなければならないことがわかる．

そこで，新たに**電離定数** K_a を定義する．電離定数は平衡反応 9 に対する平衡定数である．式 (9-2) で表される．

図 9-2 に電離定数の濃度変化を示した．濃度にあまり影響されないことが示されている．

電離度

$$AB \rightleftarrows A^+ + B^- \quad\quad (反応9)$$

$t = 0 \quad [AB]_0 = c モル \quad\quad 0モル \quad 0モル$

$t = t \quad c(1-\alpha) \quad\quad\quad c\alpha \quad\quad c\alpha$

$$\frac{[A^+]}{[AB]_0} = \frac{[B^-]}{[AB]_0} = \frac{c\alpha}{c} = \alpha \quad 電離度 \quad\quad (9\text{-}1)$$

酸	α	塩基	α	塩	α
HCl	0.92	KOH	0.91	KCl	0.85
HNO_3	0.92	NaOH	0.91	NH_4Cl	0.84
H_2SO_4	0.61	$Ca(OH)_2$	0.90	CH_3COONa	0.79
H_3PO_4	0.27	$Ba(OH)_2$	0.77	K_2SO_4	0.72
CH_3COOH	0.013	NH_3	0.013		
H_2CO_3	0.0017				

表9-3

電離定数

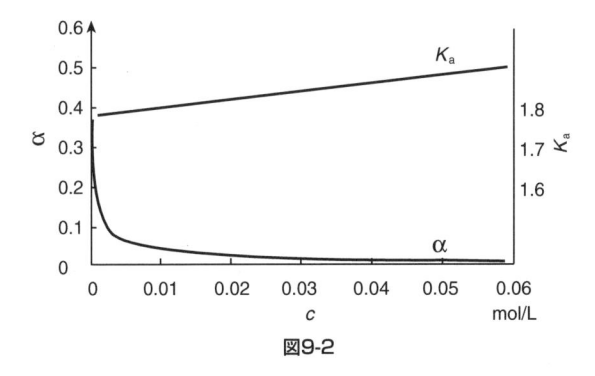

図9-2

$$K_a = \frac{[A^+][B^-]}{[AB]} = \frac{c^2\alpha^2}{c(1-\alpha)} = \frac{c\alpha^2}{1-\alpha} \quad :電離定数 \quad\quad (9\text{-}2)$$

第3節 水素イオンの濃度

水素イオンの濃度は水素イオン指数で表される．しかし水素イオン指数と呼ぶことはあまりない．pH，英語でピーエッチ，ちょっと古い人（失礼）にはドイツ語でペーハーといったほうが通りやすい．溶液が酸性かアルカリ性かを表すのによく使われる．

1 水のイオン積

水は安定な物質で，イオン反応の溶媒に使われる．したがって電離しないかというと決してそんなことはなく，水も電離する．反応 10 は水の電離を表したものである．この平衡反応の平衡定数 K は式 (9-3) で定義される．

式 (9-4) で示したように，水が電離して生じた水素イオン H^+ と水酸化物イオン OH^- の濃度の**積 $[H^+][OH^-]$ を K_W と表し，水のイオン積と呼ぶ**ことにする．純粋な水では H^+ と OH^- の濃度は等しく，ともに 10^{-7} mol/L なので，**K_W の数値は 10^{-14} となる**．

2 水素イオン指数

水素イオン指数 pH を式 (9-5) のように定義する．**水素イオン濃度の対数値にマイナスをつけたものである．水素イオン濃度が大きくなると pH の値は小さくなり，水素イオン濃度が小さくなると pH は大きくなる**．

水のイオン積が 10^{-14} であり，中性の水では $[H^+]$ と $[OH^-]$ が等しいので，$[H^+]$ は 1×10^{-7} となり，したがって式 (9-6) のとおり，中性の pH は 7 となる．

図 9-3 に pH の数値と，酸性塩基性の関係を示した．5 % 硫酸水溶液の pH がほぼ 0 となり，4 % 水酸化ナトリウム水溶液がほぼ pH14 となる．

身の回りのいくつかのものの pH を見てみると，人間の胃液は酸性が強く，pH 1.7 であり，ワイン，ビールはそれぞれ 3.5, 4.4 ほどである．生物体は中性に近く，牛乳は 6.5，人間の血液は 7.5 である．海水は血液に近く，8.1 であるが，生物の海水起源説を思い起こさせる．セッケンは塩基性が強く，9 から 10 である．

水のイオン積

$$H_2O \rightleftarrows H^+ + OH^-$$ (反応10)

$$K = \frac{[H^+][OH^-]}{[H_2O]}$$ (9-3)

$$K_W = [H^+][OH^-] = K[H_2O] = 1.0 \times 10^{-14}\,(\text{mol/L})^2$$ (9-4)

たいせつデース

水素イオン指数

$$pH = \log\frac{1}{[H^+]} = -\log[H^+]$$ (9-5)

$$K_W = [H^+][OH^-] = 1.0 \times 10^{-14}$$

中性では $[H^+] = [OH^-] = 1.0 \times 10^{-7}$ (9-6)

$$pH = -\log 10^{-7} = 7$$

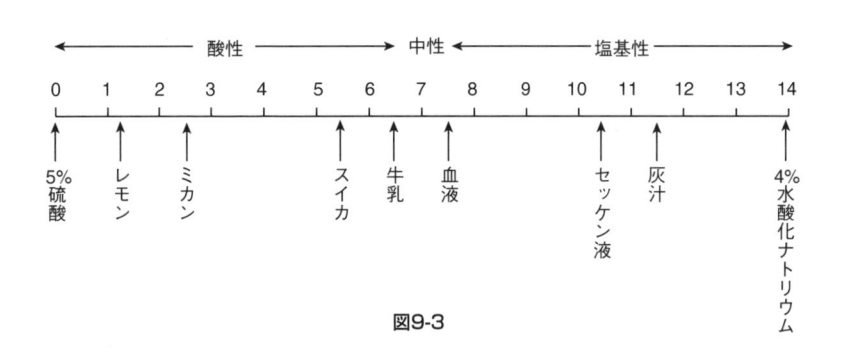

たいせつダカンネ

← 酸性 → 中性 ← 塩基性 →

0　1　2　3　4　5　6　7　8　9　10　11　12　13　14

↑5%硫酸　↑レモン　↑ミカン　↑スイカ　↑牛乳　↑血液　↑セッケン液　↑灰汁　↑4%水酸化ナトリウム

図9-3

第3節◆水素イオンの濃度

第4節 酸と塩基の平衡定数

弱酸や弱塩基の電離しやすさを表すものに酸，塩基解離定数と呼ばれるものがある．酸，塩基の解離平衡の一種の平衡定数であるが，酸，塩基の強さを表す数値としてよく使われるものである．

1 酸，塩基

反応 11 は酸の電離である．この反応の平衡定数 K は式 (9-7) で表される．式 (9-8) に示したように，K に水の濃度を掛けたものを**酸解離定数**と定義し，記号 K_a で表す．水素イオン指数と同様，対数にマイナスを付け，pK_a で表すことも多い．

同様に，HA の共役塩基 A^- の電離反応 12 に対しては，**塩基解離定数** K_b を式 (9-9)，(9-10) として定義する．

式 (9-11) に示したように，**酸解離定数と塩基解離定数の積は水のイオン積となる**．したがって共役塩基においては pK_a と pK_b の和は 14 となる．

2 酸，塩基の強弱

図 9-4 に示したように，**酸解離定数の大きいもの，あるいは pK_a の小さいものは強酸であり，pK_a の大きいものは弱酸である**．同様に pK_b の小さいものほど強塩基ということになる．

いくつかの酸，塩基のpK_a，pK_b を表 9-4 に示した．

リン酸は三段階で解離するが，第一段階が最も強く，第二，第三とだんだん弱くなっている．これは，解離できる水素が減ったことの共役塩基の負電荷が増え，水素陽イオンを引きつけることも理由になっている．

アンモニアにメチル基が付くと塩基性が強くなり，2 個付くとさらに強くなっている．これはメチル基に電子を供与する能力があり，そのため窒素原子上の負電荷が増加し，水素陽イオンを受け取る能力が増加することによる．ところがメチル基が 3 個付くと逆に塩基性が弱くなっている．これは 3 個のメチル基が立体的にじゃまをして水素陽イオンが窒素原子に近寄れなくなるためである．このように，酸性，塩基性は分子の電気的な性質だけでなく，立体的な特質も影響している．

酸と塩基の平衡定数

$$HA + H_2O \rightleftharpoons H_3O^+ + A^-$$ (反応11)

$$K = \frac{[H_3O^+][A^-]}{[HA][H_2O]}$$ (9-7)

$$K_a = K\,[H_2O] = \frac{[H_3O^+][A^-]}{[HA]} \qquad pK_a = -\log K_a$$ (9-8)

$$A^- + H_2O \rightleftharpoons HA + OH^-$$ (反応12)

$$K = \frac{[HA][OH^-]}{[A^-][H_2O]}$$ (9-9)

$$K_b = K\,[H_2O] = \frac{[HA][OH^-]}{[A^-]} \qquad pK_b = -\log K_b$$ (9-10)

$$K_a \times K_b = \frac{[H_3O^+][A^-]}{[HA]} \times \frac{[HA][OH^-]}{[A^-]} = K_W$$ (9-11)

$$pK_a + pK_b = pK_W = 14$$ (9-12)

酸, 塩基の強弱

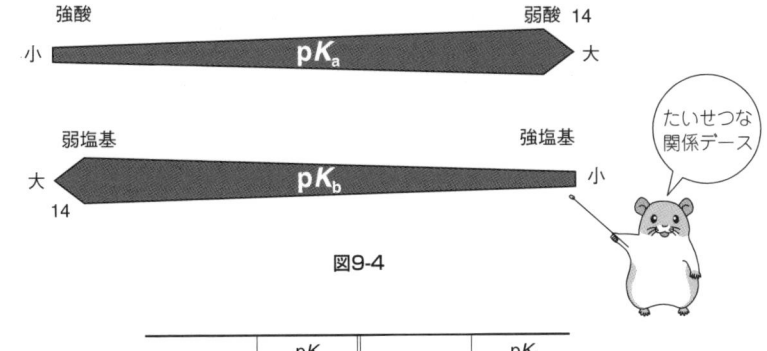

図9-4

たいせつな関係デース

	pK_a		pK_b
CH_3CO_2H	4.76	NH_3	4.74
H_3PO_4	2.12	CH_3NH_2	3.36
$H_2PO_4^-$	7.21	$(CH_3)_2NH$	3.29
HPO_4^{2-}	12.32	$(CH_3)_3N$	4.28

表9-4

第5節 塩を加水分解する

酸と塩基の中和反応によって生成するのが水と塩(えん)であった．では塩は中性の物質であろうか．ここでは塩の性質を見てゆくことにする．

1 塩の加水分解

反応式 13 は中和反応である．酸 HA と塩基 BOH が反応し，水と塩 AB が生じている．この反応は可逆反応であり，反対方向にも進行する．すなわち，塩 AB に水を加えると元の酸 HA と塩基 BOH が生じる．この反応を塩の加水分解という．

先に第 2 節，第 4 節で見たように，酸には強い酸と弱い酸がある．塩基も同様である．

今，強い酸 HA と弱い塩基 bOH とが中和反応したとしよう．生じる塩の構造は Ab である．この塩 Ab を加水分解したのが反応 14 である．強酸 HA と弱塩基 bOH が生じる．解離の程度は強酸のほうが大きい．この結果は系内に水素イオン H^+ が生成することになる．すなわち，**強酸と弱塩基からなる塩は酸性**である．

同様のことは弱酸 Ha と強塩基 BOH からできた塩 aB についてもいえる．反応 15 に示したように，**弱酸と強塩基からなる塩は塩基性である**ということになる．例を反応 16, 17 に示した．

2 共通イオン効果

塩 AB は溶液中で反応 18 に従って A^+ と B^- に電離する．このときの平衡定数 K は式 (9-13) で定義される．

今，この系に別の塩 MB を加えたとしよう．塩 MB は反応 19 に従って電離し，M^+ とともに B^- をも生じる．これは系内の B^- 濃度が上がったことを意味する．塩 AB に関する平衡定数の式 (9-13) は (9-14) に変更されることになる．B_1^- は反応 18 から生じた B^-，B_2^- は反応 19 から生じた B^- である．この平衡を成立させるためには B_1^- を減少させなければならない．すなわち，反応 18 の平衡は左へ傾き，塩 AB の溶解度は落ちることになる．これをイオン B^- による**共通イオン効果**という．

塩の加水分解

$$HA + BOH \xrightleftharpoons[\text{加水分解}]{\text{中和}} AB + H_2O \quad \text{塩}$$ (反応13)

強酸HAと弱塩基bOHの塩
$$Ab + H_2O \longrightarrow HA + bOH$$ (反応14)
$$\updownarrow$$
$$A^- + H^+ : \text{酸性}$$

弱酸Haと強塩基BOHの塩
$$aB + H_2O \longrightarrow Ha + BOH$$ (反応15)
$$\updownarrow$$
$$B^+ + OH^- : \text{塩基性}$$

$$NH_4Cl + H_2O \longrightarrow NH_4OH + Cl^- + H^+ : \text{酸性}$$ (反応16)

$$CH_3CO_2Na + H_2O \longrightarrow CH_3CO_2H + Na^+ + OH^- : \text{塩基性}$$ (反応17)

共通イオン効果

$$AB \rightleftharpoons A^+ + B^-$$ (反応18)

$$K = \frac{[A^+][B^-]}{[AB]}$$ (9-13)

$$MB \rightleftharpoons M^+ + B^- \text{ を加える}$$ (反応19)

$$K = \frac{[A^+][B_1^- + B_2^-]}{[AB]}$$ (9-14)

反応18の平衡は左へ傾く

第6節 緩衝液の性質

緩衝液,「かんしょうえき」と読む.緩衝液とは新たに加えられた酸,塩基の性質を和らげる作用のある溶液である.生物体の体液は緩衝液になっている.酸性食物？を食べたからといって血液が酸性になったのでは,生物はやってられない.

1 構 成

緩衝液は大量の弱酸とやはり大量のその塩,もしくは大量の弱塩基とその塩の組み合わせによる溶液である.

前者の組み合わせについて見てみよう.弱酸（酢酸）とその塩（酢酸ナトリウム）の濃度を各々 c_a, c_s とする.弱酸は電離しにくいので系内にある酢酸の濃度は c_a である.一方,塩はほぼ完全に電離するので,酢酸イオンの濃度は塩の濃度 c_s に等しい.その結果,酢酸の電離に関する平衡定数の式 (9-15) から導いた水素イオン濃度は式 (9-16) で表されることになる.この式の対数をとると,緩衝液の pH は式 (9-17) で表される.

この式は,系の pH は第 1 項の酢酸の酸解離定数 pK_a に対して第 2 項が変更を加えることを意味する.しかし,c_s, c_a が十分大きく,しかも c_a/c_s が 1 に近いときには,pK_a は H^+, OH^- に左右されないことを意味する.

2 作 用

緩衝液に酸を加えたとしてみよう.反応式 22 が発動する.すなわち,加えた水素イオンは酢酸の生成に使われ,酢酸濃度 c_a の増加になる.酢酸はもともとたくさんあるのだから,少々の c_a の増加は式 (9-17) 第 2 項にとって問題にならない.系の pH は pK_a のままである.

塩基を加えたらどうだろう.反応 23 によって酢酸イオンの濃度 c_s は増えるがもともと大きい c_s の多少の増加は問題にならない.

図 9-5 は c_a/c_s の変化が系の pH に影響する度合いを表したものである.c_a/c_s が 1 に近いところでは,c_a, c_s の変化は pH にほとんど影響していないことがわかる.

構　成

弱酸は解離しない：
　酸の濃度 c_a は酸そのものの濃度と考えられる

$$CH_3CO_2H \longleftrightarrow CH_3CO_2^- + H^+ \qquad (反応20)$$
$$c_a \qquad\qquad\qquad 0 \qquad\quad 0$$

塩は解離する：
　加えた塩の濃度 c_s はイオンの濃度と考えられる

$$CH_3CO_2Na \longleftrightarrow CH_3CO_2^- + Na^+ \qquad (反応21)$$
$$0 \qquad\qquad\qquad c_s \qquad\quad c_s$$

$$K_a = \frac{[CH_3CO_2^-][H^+]}{[CH_3CO_2H]} \qquad (9\text{-}15)$$

$$[H^+] = K_a \frac{[CH_3CO_2H]}{[CH_3CO_2^-]} = K_a \frac{c_a}{c_s} \qquad (9\text{-}16)$$

$$pH = pK_a + \log \frac{c_s}{c_a} \qquad (9\text{-}17)$$

c_s, c_a が大きく $\frac{c_a}{c_s} \fallingdotseq 1$ なら pK_a は H^+, OH^- に左右されない

作　用

H^+ を加える　　$CH_3CO_2^- + H^+ \longrightarrow CH_3CO_2H$ 　　(反応22)

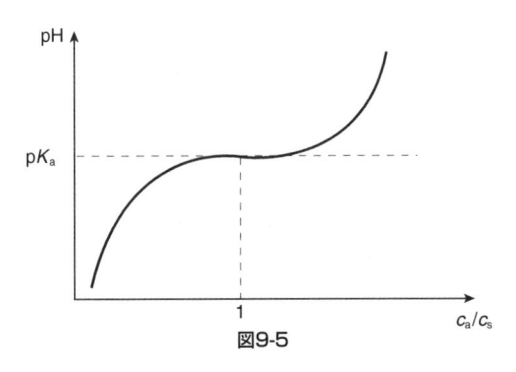

OH^- を加える　　$CH_3CO_2H + OH^- \longrightarrow CH_3CO_2^- + H_2O$ 　　(反応23)

図9-5

10章 電気化学

　分子は原子からできている．そして原子は原子核と電子とからできている．原子を構成する電子は原子核と密接に結びついている．一方，電気は電子の流れである．これは電子が原子核の束縛を離れて動きまわることを意味する．してみれば，物質の電気的性質には，電子が原子核から離れる離れやすさが関係してくることになる．
　化学の重要な現象に酸化還元がある．酸化還元は酸素との反応だけでなく，電子の授受に対して定義されたものである．物質が電子を失うとその物質は酸化されたといい，電子を受け取ると還元されたという．
　このように，物質の電気的性質には酸化還元が密接に関係してくる．

第1節 酸化，還元とは何か

　酸化還元はよく知られた現象のようであるが，正確に理解するためには難しい点もある．ここで，酸化還元を整理しておこう．

1 酸化と還元

　酸化という言葉は日常語として，他動詞にも自動詞にも使われる．「鉄が**酸化して**さびになった」では自動詞で使われ，「酸素が鉄を**酸化して**さびにした」では他動詞である．
　本章ではこのような紛らわしさを避けるため，**酸化するという動詞をもっぱら他動詞としてのみ使う**ことにする．したがって，先ほどの話は「鉄が**酸化されて**さびになった」と言い換えることになる．
　図 10-1 に 2 種の物質 A，B の酸化還元の関係を示した．
　A　系が酸化されるとは，系が酸素を取り入れるか，あるいは水素か電子を放出することである．
　B　系が還元されるとは，系が酸素を放出するか，あるいは水素か電子を取り入れることである．
　したがって A の場合，系はほかの系を還元していることになり，B ではほかの系を酸化していることになる．このように，**酸化と還元は同じことの裏表になっている**．

電気化学

酸化と還元

Aは酸化された
Aの酸化数は増加した

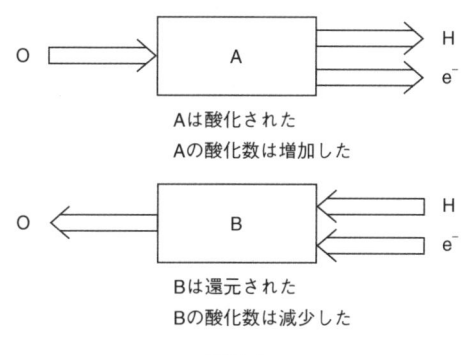

Bは還元された
Bの酸化数は減少した

図10-1

2 酸化還元の定義

酸化還元の定義を表 10-1 にまとめた．

酸化還元の基本となるものに**酸化数**がある．酸化数とは分子中の原子の荷電数を表す便宜的な数値であり，次のようにして決める．
1. 単体中の原子の酸化数は 0 とする．
2. 中性の分子を構成する全原子の酸化数の総和は 0 である．
3. 酸素と水素の酸化数をそれぞれ – 2，＋1 とする．

酸化されるとは酸化数が増えることであり，そのためには酸素を受け入れるか，あるいは水素もしくは電子を放出すればよい．反対に還元されるとは酸化数が減少することであり，そのためには酸素を放出するか，あるいは水素もしくは電子を受け入れればよい． このように，酸化還元反応は酸化数の増減として定義され，それを達成する手段として酸素，水素，電子の三つがある．

3 酸素による酸化還元

反応 1 において水素分子は酸素と反応しているから酸化されたことになる．左辺の水素は分子なので酸化数は±0である．右辺の生成物，水は分子だから酸化数の総和は0にならなければならない．したがって酸化数 –2 の酸素と結合している水素の酸化数は ＋1 となり，確かに水素の酸化数は増加している．

反応 2 では水素は酸素を失ったので，水素は還元されたことになる．酸化数も左辺では ＋1 だが右辺では単体なので0となり，反応に伴って減少している．

4 水素による酸化還元

反応 3 において塩素は水素を放出しているので，酸化されたことになる．塩素の酸化数を調べてみよう．左辺では酸化数 ＋1 の水素と結合しているから酸化数は –1 であり，右辺では塩素分子となっているから酸化数は0である．反応の進行によって酸化数は増加している．すなわち塩素は酸化されている．

5 電子による定義

最も直接的な定義である．反応 5 で銀の酸化数は 0 から ＋1 に増えているので銀は酸化されている．一方，反応 6 でカリウムの酸化数は ＋1 から 0 に減少して還元されている．

酸化還元の定義

	酸化された	還元された
酸化数	酸化数が増えた	酸化数が減った
O	Oを受け入れた	Oを放出した
H	Hを放出した	Hを受け入れた
e^-	e^-を放出した	e^-を受け入れた

表10-1

酸素による酸化還元

酸化される：Oを受け入れる

$$2H_2 + O_2 \longrightarrow 2H_2O \qquad \text{Hは酸化された} \qquad (反応1)$$
$$0 \qquad\qquad\qquad\qquad +1$$

還元される：Oを放出する

$$2H_2O \longrightarrow H_2 + O_2 \qquad \text{Hは還元された} \qquad (反応2)$$
$$+1 \qquad\qquad\qquad\quad 0$$

水素による酸化還元

酸化される：Hを放出する

$$2HCl \longrightarrow H_2 + Cl_2 \qquad \text{Clは酸化された} \qquad (反応3)$$
$$-1 \qquad\qquad\qquad\quad 0$$

還元される：Hを受け入れる

$$F_2 + H_2 \longrightarrow 2HF \qquad \text{Fは還元された} \qquad (反応4)$$
$$0 \qquad\qquad\qquad -1$$

電子による定義

酸化される：e^-を放出する

$$Ag \longrightarrow Ag^+ + e^- \qquad \text{Agは酸化された} \qquad (反応5)$$
$$0 \qquad\qquad\quad +1$$

還元される：e^-を受け入れる

$$K^+ + e^- \longrightarrow K \qquad \text{Kは還元された} \qquad (反応6)$$
$$+1 \qquad\qquad\quad 0$$

第2節 酸化剤と還元剤

図 10-1 で酸化,還元反応を酸素,水素,電子の授受として見た.酸化剤とは相手を酸化するものであり,還元剤とは相手を還元するものである.

図 10-2 は酸化剤,還元剤を示したものである.この図の A,B は図 10-1 の A,B にそろえてある.

B は A に酸素を供給するか,あるいは A から水素もしくは電子を奪っている.この行為によって B は還元されている.すなわち B は A を酸化していることになり,B は酸化剤ということになる.

逆に,A は B から酸素を奪うか,あるいは B に水素もしくは電子を供給しているので B を還元したことになり,還元剤である.

1 酸化剤と還元剤の反応

実際の酸化剤,還元剤の反応の例を示した.

オゾン O_3 は酸素を与える酸化剤であり(反応 7),過酸化水素 H_2O_2 は水素を奪う酸化剤として作用している(反応 8)が,酸素を供給する形で作用することも知られている.塩素は電子を奪って塩素イオンになっているので酸化剤として作用している(反応 9).一方,塩素イオンは反対に相手に電子を供給して自身は塩素に戻ることも可能であり,この場合塩素イオンは還元剤として作用することになる.

水素は酸素を奪っているので還元剤であり(反応 10),硫化水素 H_2S は水素を供給する形での還元剤である(反応 11).2 価のスズイオンは自身が 4 価になって電子 2 個を供給しているので還元剤である(反応 12)

2 酸化力と還元力

酸化剤と還元剤のいくつかを表 10-2 に示した.

過酸化水素 H_2O_2 は条件により,酸化剤としても還元剤としても作用している.各々の酸化力,還元力はそれぞれ表の上部,下部へ行くほど強くなっている.オゾン O_3 は酸素より酸化力が強く,希硝酸も濃硝酸より酸化力が強い.

酸化力,還元力の大小は,標準電極電位を測定することによって知ることができる.標準電極電位については本章,第 5 節で説明する.

酸化剤と還元剤

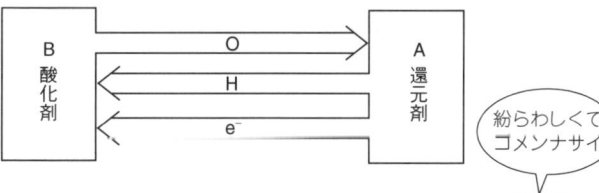

BはAを酸化した：Bは酸化剤

AはBを還元した：Aは還元剤

図10-2

酸化剤と還元剤の反応

酸化剤

$O_3 \longrightarrow O_2 + \mathbf{O}$ （Oを与える） （反応7）

$H_2O_2 + 2\mathbf{H} \longrightarrow 2H_2O$ （Hを奪う） （反応8）

$Cl_2 + 2\mathbf{e}^- \longrightarrow 2Cl^-$ （e^-を奪う） （反応9）

還元剤

$H_2 + \mathbf{O} \longrightarrow H_2O$ （Oを奪う） （反応10）

$H_2S \longrightarrow S + 2\mathbf{H}$ （Hを与える） （反応11）

$Sn^{2+} \longrightarrow Sn^{4+} + 2\mathbf{e}^-$ （e^-を与える） （反応12）

酸化力と還元力

酸化剤	O_3	$O_3 + 2H^+ + 2e^- \longrightarrow O_2 + H_2O$	酸化力大 ↑
	H_2O_2	$H_2O_2 + 2H^+ + 2e^- \longrightarrow 2H_2O$	
	Cl_2	$Cl_2 + 2e^- \longrightarrow 2Cl^-$	
	O_2	$O_2 + 4H^+ + 4e^- \longrightarrow 2H_2O$	
	HNO_3（希）	$HNO_3 + 3H^+ + 3e^- \longrightarrow NO + 2H_2O$	
	HNO_3（濃）	$HNO_3 + H^+ + e^- \longrightarrow NO_2 + H_2O$	
	H_2SO_4（濃）	$H_2SO_4 + 2H^+ + 2e^- \longrightarrow SO_2 + 2H_2O$	
還元剤	H_2O_2	$H_2O_2 \longrightarrow O_2 + 2H^+ + 2e^-$	還元力大 ↓
	SO_2	$SO_2 + 2H_2O \longrightarrow SO_4^{2-} + 4H^+ + 2e^-$	
	Li	$Li \longrightarrow Li^+ + e^-$	

表10-2

第3節 イオン化傾向を決めるもの

　金属原子は電子を放出して陽イオンになる傾向がある．しかし，一口に金属といっても種類はたくさんあり，カリウムのように空気中の水分とでも発熱的に反応して陽イオンになるものもあれば，金や白金のように安定な金属まで，いろいろである．

1 イオン化傾向

　水中において，**金属原子がどれくらいイオン化しやすいかを表す尺度をイオン化傾向という**．イオン化傾向は図 10-3 に示したように，イオンになるなりやすさの順位で表される．
　順列の左側ほどイオン化しやすく，右へ行くとイオン化しにくくなる．カリウムが最もイオン化しやすく，金が最もイオン化しにくい．水素は金属ではないが，標準のために入れてある．

2 イオン化傾向を決めるもの

　図 10-4 は金属がイオンになる過程を示したものである．第 8 章第 2 節とほぼ同じ考え方であるが，過程が一つ増えている．金属は金属結晶として存在する．イオン化するためにはまず，この結晶から離れて単独の原子となり（過程Ⅰ），イオン化してイオンとなり（過程Ⅱ），そして水中で水和して水和イオンとなる（過程Ⅲ），以上三つの過程を経なければならない．
　各過程のエネルギー関係を考えてみよう．過程Ⅰは結晶内における金属結合を切断することであり，結合エネルギーに相当するエネルギーを必要とする吸熱過程である．このエネルギーを格子エネルギーと呼ぶ．過程Ⅱは原子が電子を放出して正のイオンになる吸熱過程であり，このためにはイオン化エネルギーが必要とされる．過程Ⅲは生じたイオンが水分子によって水和され，安定化される過程なので発熱過程である．このエネルギーを水和エネルギーと呼ぶ．
　以上の結果，金属結晶から水和イオンにするためにどれだけのエネルギーが必要かは，図 10-5 に示したヘスの法則（第 5 章第 6 節参照）の応用によって計算することができる．
　この結果がイオン化傾向として表されているのである．

イオン化傾向

$$M（金属：不溶） \rightleftarrows M^{n+}（イオン：可溶） + ne^-$$

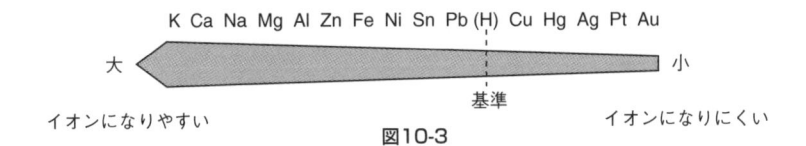

K Ca Na Mg Al Zn Fe Ni Sn Pb (H) Cu Hg Ag Pt Au

大 ← → 小

イオンになりやすい　　　基準　　　イオンになりにくい

図10-3

イオン化傾向を決めるもの

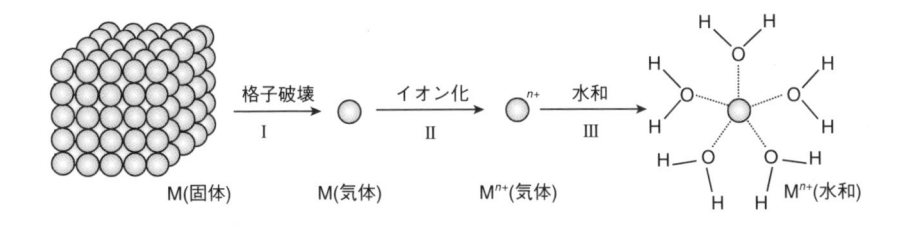

M(固体) →[格子破壊 I]→ M(気体) →[イオン化 II]→ M^{n+}(気体) →[水和 III]→ M^{n+}(水和)

図10-4

ヘスの法則の応用デース

過程II：イオン化エネルギー　M^{n+}(気体) ← M(気体)
過程III：水和エネルギー　M^{n+}(気体) → M^{n+}(水和)
過程I：格子エネルギー　M(気体) ← M(固体)

イオン化傾向に反映（エネルギー差の小さいものほどイオン化傾向が大きい）

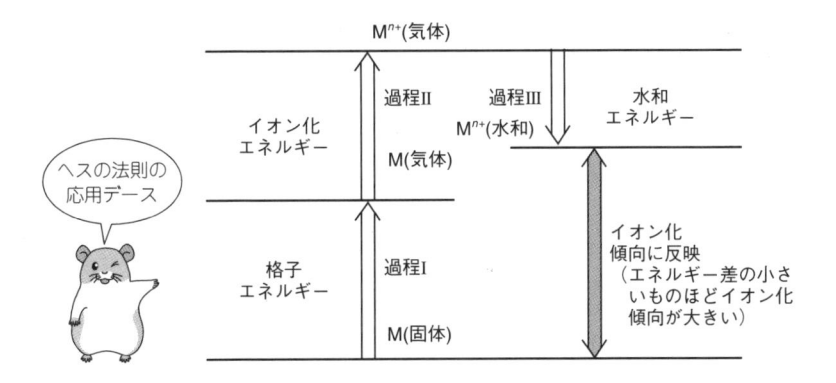

図10-5

第4節 電池の構造

電池のない生活は不便であろう．コンセントにつないだ携帯電話など，携帯電話とはいえないのではなかろうか．ここでは電池の原理を考えてみよう．

1 電子の移動

　図 10-6A のように，硝酸溶液に金属銅と金属銀を浸したとしよう．銅と銀では銅のほうがイオン化傾向が大きい．したがって，銅がイオン化して溶液中に溶出することになる．その結果，金属銅には電子がたまってゆく．

　銅と銀とを導線で結んだらどうなるだろう．銅にたまった電子は銀のほうへ移動することになる．すなわち，銅から銀に向かって電子が移動したのである．電気の流れの向きは電子の流れの逆方向と定義されている．したがって，ここでは銀から銅に電気が流れたことになる．

　電解質溶液に 2 種類の金属板を浸したことによって電気が流れたのである．

2 ボルタ電池

　イタリアの化学者ボルタによって研究された電池である．図 10-7A のように希硫酸溶液に銅片と亜鉛片を浸す．亜鉛のほうが銅よりイオン化傾向が大きいから，亜鉛が溶液中に溶出し，亜鉛片に電子がたまってゆく．ここで図 B のように亜鉛片と銅片とを導線で結んだら，図 10-6 と同様，電子は亜鉛片から銅片へと移動する．すなわち，電子が移動し，電気が流れたのである．

　さて，銅片へ移動した電子を受け取るのは亜鉛イオンではない．溶液中には陽イオンとして亜鉛イオンのほかに水素イオンも存在し，しかもイオン化傾向は水素のほうが小さい．すなわち，電子を受け取るのは，水素イオンなのである．

　電子を放出するほうを負極（陰極），電子を受け取るほうを正極（陽極）と定義すると，負極では反応 13，正極では反応 14 が進行する．全体としてボルタの電池は反応 16 のように表示される．

　ボルタ電池の欠点は正極で水素が発生することである．この水素が反応 15 のように電離することによって正極上に電子がたまり，本体の電池と逆の電池ができてしまう．このような現象を**分極**という．分極により，ボルタ電池の電流はやがて止まってしまう．

電子の移動

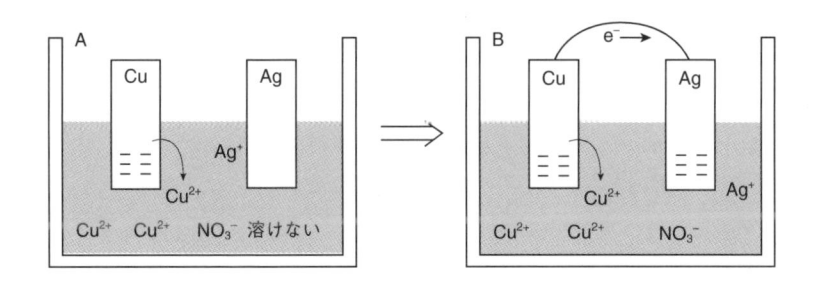

図10-6

ボルタ電池

イオン化傾向　Zn > Cu

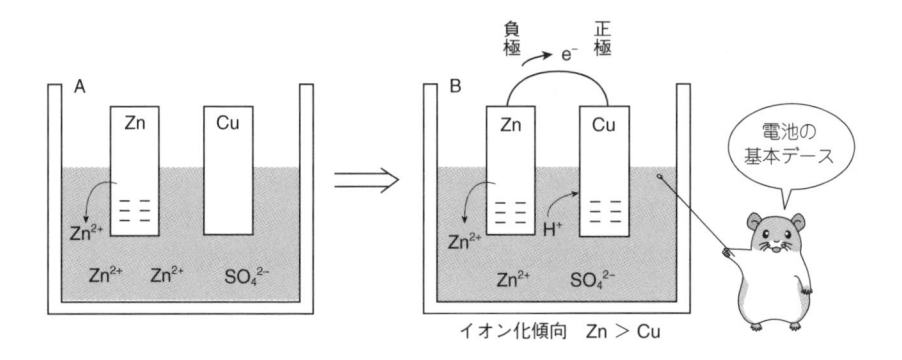

電池の基本デース

負極	Zn	$\longrightarrow$	$Zn^{2+} + 2e^-$	(反応13)
正極	$2H^+ + 2e^-$	$\longrightarrow$	H_2	(反応14)
(分極)	H_2	$\longrightarrow$	$2H^+ + 2e^-$	(反応15)
(−)	$Zn\,|\,H_2SO_4\,|\,Cu$ (+)	1.1V		(反応16)

図10-7

3 ダニエル電池

イギリスの化学者ダニエルは**分極の起きない電池を考案した．それがダニエル電池である**．構造を図 10-8 に示した．

一方の容器に硫酸亜鉛を入れ，亜鉛片を浸す．もう一方の容器には硫酸銅を入れて銅片を浸す．この両者を導線で結ぶのである．この構造では，銅片上に送られた電子を受け取るものとして銅イオンが存在する．

ボルタ電池と違って分極は起こらない．たいせつなのは容器である．銅イオン側で過剰になった硫酸イオンが，亜鉛側へ移動できるように**塩橋**といわれるものでつないである．塩橋は塩化カリウム水溶液で固めた寒天ゼリーなどが用いられる．

ダニエル電池の電極反応は反応 17 であり，全体の反応は反応 18 で表示される．縦の 2 本線は塩橋を表す．ダニエル電池の起電力は約 1.1 V である．

4 燃料電池

2 種の金属のイオン化傾向の違いを利用して電気を取り出すのが伝統的な電池（化学電池）である．そのエネルギーの源は，金属のイオン化エネルギーである．

燃料電池は，物質が酸化して生じる反応熱をエネルギー源にする．例を図 10-9 に示した．これは電解質としてリン酸溶液を用い，**負極に水素，正極に酸素を置いて，水素の酸化反応による反応熱を用いるものである**．

負極では水素がイオン化して電子を放出し，その電子が導線を通って陽極の酸素に送られる．酸素はこの電子と水素イオンとを用いて反応して水となる．全体の反応は反応 20 に示されたように，単純この上なく，電池としては反応 19 で表示される．水素燃料電池の起電力は 1.23 V である．

しかし，このような反応が通常の条件で起こるはずもなく，すべては触媒の作用による．ここでは白金触媒が用いられているが，優れた触媒の発見が燃料電池の性能を決定することになる．

燃料電池は水素燃料の運搬，保管，高性能触媒の開発など，解決すべき問題もあるが，排ガスがなく，クリーンエネルギーの一種として将来の活躍が期待されるものである．

ダニエル電池

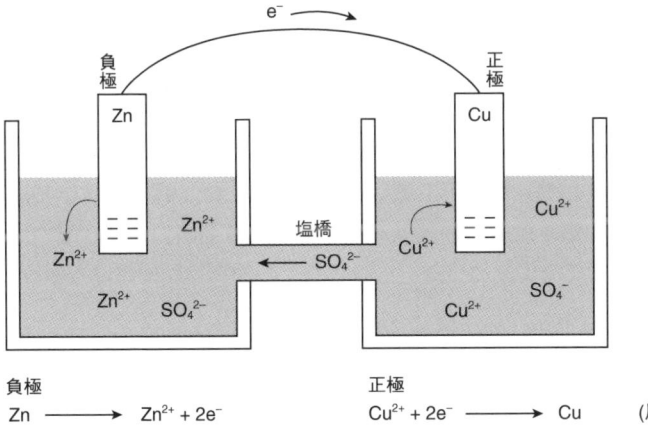

負極

負極
$Zn \longrightarrow Zn^{2+} + 2e^-$

正極
$Cu^{2+} + 2e^- \longrightarrow Cu$ (反応17)

$(-)\ Zn\ |\ ZnSO_4\ ||\ CuSO_4\ |\ Cu\ (+)$ 1.1V   (反応18)

図10-8

燃料電池

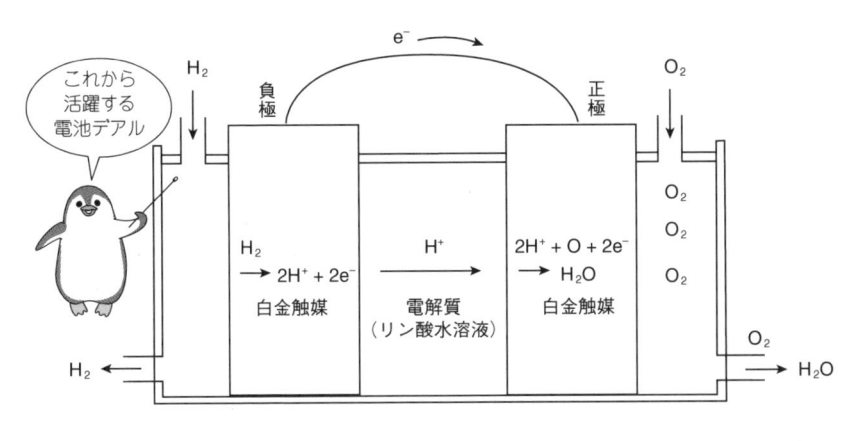

負極: $H_2 \longrightarrow 2H^+ + 2e^-$ 白金触媒

電解質（リン酸水溶液） H^+

正極: $2H^+ + O + 2e^- \longrightarrow H_2O$ 白金触媒

これから活躍する電池デアル

$(-)\ Pt\ |\ H_2\ |\ H_3PO_4\ |\ O_2\ |\ Pt\ (+)$ (反応19)

全体の反応 $H_2 + \dfrac{1}{2}O_2 \longrightarrow H_2O$ (反応20)

図10-9

第5節 標準電極電位

　ダニエル電池の起電力は 1.1 V であった．これは何を意味するのだろう．ダニエル電池を構成する銅と亜鉛では亜鉛のイオン化傾向が大きく，亜鉛が放出した電子を銅が受け取る形で電池反応が進行した．起電力はいわば亜鉛の電子放出力と銅の電子受容力の差である．それでは亜鉛の電子放出力そのものはどの程度の大きさなのだろうか．これを表すのが標準電極電位である．

1 半電池

　ダニエル電池は硫酸亜鉛に浸した亜鉛片の入った容器と，硫酸銅に浸した銅片の入った容器を塩橋で結んだものだった．図 10-10 はこの二つの容器を分離したものである．この，各々の容器はダニエル電池という完全な電池の半分ずつなので，各々を**半電池**という．

　もし，この半電池各々の起電力を測定することができれば，ダニエル電池全体の起電力は，二つの半電池の起電力の差で表されることになる．図 10-11 はこの考えを図で表したものである．

2 標準電極電位

　前項の考えの下で実際に測定したのが標準電極電位である．しかし，電池なので電子は移動しなければならない．半電池で発生した電子を受け取るもの（半電池）がなければならない．この半電池を**標準電極**という．標準電極には図 10-12 に示した**水素電極**を用いる．水素が還元されるときの電位を 0 V とし，それを基準にして各物質の起電力を表示する．このような**標準電極電位**を特に標準還元電極電位と呼ぶ．反対に水素が酸化される反応を標準としたものを標準酸化電極電位と呼ぶ．両者は絶対値は等しく，符号だけが変わる．

　標準（還元）電極電位のいくつかを表 10-3 に示した．

　反応式を見ればわかるとおり，これは還元反応の起きやすさを表している．すなわち，還元力，酸化力の大小を直接的に表しているのである．本章第 2 節，表 10-2 の所でいったことはこのことである．表 10-3 の上部のものほど還元力が強いことを示す．

半電池

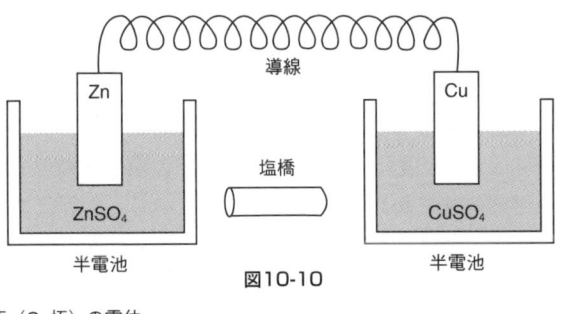

図10-10

(＋)極（Cu極）の電位
　　　　　　　　　　(＋)極の半電池 Cu｜Cu^{2+} の電位差
　　　液の電位
　　　　　　　　　　(－)極の半電池 Zn｜Zn^{2+} の電位差
(－)極（Zn極）の電位

電池の起電力

図10-11

標準電極電位

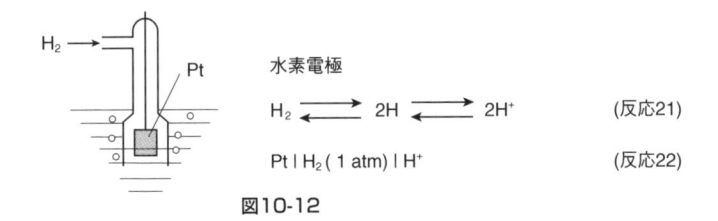

水素電極

$H_2 \rightleftarrows 2H \rightleftarrows 2H^+$ 　　　　(反応21)

Pt｜H$_2$(1 atm)｜H$^+$ 　　　　(反応22)

図10-12

電極	電極反応	$E°$ / V
（酸性溶液）		
Li$^+$｜Li	Li$^+$ + e$^-$ = Li	−3.045
OH$^-$｜H$_2$, Pt	2H$_2$O + 2e$^-$ = H$_2$ + 2OH$^-$	−0.82806
Zn^{2+}｜Zn	Zn^{2+} + 2e$^-$ = Zn	−0.7628
H$^+$｜H$_2$, Pt	2H$^+$ + 2e$^-$ = H$_2$	0
Cu^{2+}, Cu$^+$｜Pt	Cu^{2+} + e$^-$ = Cu$^+$	+0.153
Cu^{2+}｜Cu	Cu^{2+} + 2e$^-$ = Cu	+0.337

表10-3

第6節 電気分解

純銀の食器は家庭ではめったに使われない高級品である．アルミニウムの食器は安価で手軽な日常品である．ナポレオン三世の誕生祝賀公式晩餐会で皇帝夫妻の前に並んだ食器はアルミニウム製だったという．家臣には純銀の食器が供されたのである．当時，アルミニウムは美しい白金色に輝くばかりでなく，羽根のように軽くてすばらしく，銀よりずっと貴重な金属だったのである．ボーキサイトの電気分解にやっと成功したのである．

1 溶融電解

食塩を 800 ℃以上に加熱すると融けて液体になる．これを溶融という．溶融状態の食塩はナトリウムイオンと塩素イオンに電離している．この状態の食塩に，図 10-13 に示した電極を浸し通電する．正極では塩素イオンが電子を放出して塩素ガスになり，負極ではナトリウムイオンが電子を受け取ってナトリウム金属が析出する．このように，溶融状態の物質の電気分解を**溶融電解**という．1 価のイオン 1 mol を中和するのに必要な電気量は 96500 C（クーロン）/mol でこれを**ファラデー定数** F という．

アルミニウムはボーキサイトと呼ばれる鉱石の溶融電解によって得られる．その電極における反応は反応 25，26 に示したとおりである．

2 溶液電解

食塩を溶融するのは高温を必要とし，たいへんである．食塩の水溶液を電気分解できれば手軽である．図 10-14 は食塩水溶液の電気分解である．食塩水中にはナトリウムイオン，塩素イオンのほかに，水が電離した水素イオンと水酸化物イオンも存在している．

正極では反応 28 に従って塩素が発生する．しかし，負極で電子を受け取るのはナトリウムイオンではない．水素イオンのほうがイオン化傾向が小さい．すなわち，負極では反応 29 が進行して水素ガスが発生するのである．

このように**溶液電解では溶質から発生したイオンだけでなく，溶媒も電気分解に関与する**ことになる．

溶融電解

NaCl $\xrightarrow{溶融}$ Na$^+$ + Cl$^-$

正極 2Cl$^-$ $\longrightarrow$ Cl$_2$ + 2e$^-$ (反応23)

負極 2Na$^+$ + 2e$^-$ $\longrightarrow$ 2Na (反応24)

ファラデー定数 F = 96,500 C（クーロン）/mol

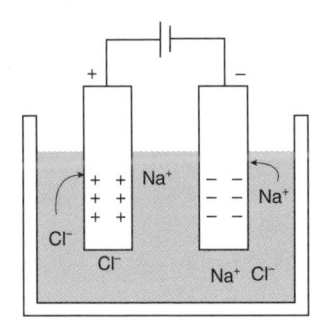

図10-13

ボーキサイト Al$_2$O$_3$

正極 3O^{2-} $\longrightarrow$ $\dfrac{3}{2}$ O$_2$ + 6e$^-$ (反応25)

負極 2Al^{3+} + 6e$^-$ $\longrightarrow$ 2Al (反応26)

溶液電解

NaCl + H$_2$O $\xrightarrow{水溶液}$ Na$^+$ + Cl$^-$ + H$^+$ + OH$^-$ (反応27)

正極 2Cl$^-$ $\longrightarrow$ Cl$_2$ + 2e$^-$ (反応28)

負極 2H$^+$ + 2e$^-$ $\longrightarrow$ H$_2$ (反応29)

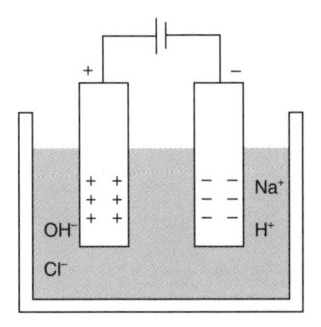

（イオン化電位 Na$^+$ > H$^+$）

図10-14

column　メッキ

　メッキはある（高価な）金属イオンを適当な（安価な）金属の表面に析出させる技術である．電気を用いて金の溶液をプラスに，メッキさせたい金属をマイナスに荷電させ，金イオンを金属表面で電気的に還元して金属金として析出させるのは電気メッキである．

　奈良の大仏はブロンズ製で，現在はほぼ黒一色である．しかし，創建当時は金色にさん然と輝いていたという．なぜだろう．簡単には金の薄い板（金箔）を適当な接着剤（多くは漆）で貼り付ければよい．しかし，奈良の大仏はそうではなかった．なんと金メッキだったという．

　奈良時代に電気メッキ？　そうではない．化学メッキだったのだ．第8章第1節で見たように，似たものは似たものを溶かす．金は水銀に溶けるのだ．この泥状のものをアマルガムという．これを大仏の全面に塗る．その後で大仏を加熱すれば，水銀は蒸発して金だけが残り，大仏は金色に輝くという寸法である．

　このメッキ技法は伝統工芸の世界に受け継がれており，電気メッキとは違った落ち着いた美しい金色を醸しだす．それにしても，膨大な量の水銀が奈良盆地にたちこめ，住民の健康を脅かしたであろうことは想像に難くない．

　メッキにはこのほか，どぶ漬けといわれるものもある．ブリキがこれである．溶かした亜鉛の中に鉄板をつけて引き出す．すると鉄板の表面に亜鉛が薄くコーティングされるわけである．天ぷらに衣を付ける要領である．

第IV部 界面と固体

11章 界面，コロイドの化学

　氷は一様な固体である．では氷はどの部分をとってもまったく同じ性質だろうか．コップの氷は水に浮いて空気中に一部分を出している．氷の一部分を考えたとき，空気に接している部分，水に接している部分，氷の塊の真ん中の部分，この三部分はまったく同じ性質なのだろうか．

　固相，液相，気相は物質の基本的な三相であるが，これら三相の境目の部分を**界面**という．同じ重量の物質なら，物質の粒子が細かいほど界面の面積は広くなる．粒子が限界まで細かくなったとき，物質の性質の多くは界面の性質によって支配されることになる．このような粒子の集合がコロイドと呼ばれるものである．

　ここでは界面とコロイドの性質を見て行くことにしよう．

第1節 界面と表面張力

　液体では分子は互いに近づき，分子間力が強く働いている．一方，気体では分子は離ればなれになり，分子間力はほとんど働かない．確かにそうではあるが，しかし，そんなに簡単に割り切ってよいのだろうか．液体の表面，空気（気体）に接している所では，液体分子は常に気体中に飛び出し，気体分子もまた常に液体中に飛び込み続けている．これは考えてみれば劇的な様相である．しかし，液体の中，表面よりはるか下のほうではそのようなドラマチックな様相はないだろう．

　それでは，液体の表面のほんの少し下，表面より，分子数で3，4個下の様相はどのようなものであろうか．

1 表面と界面

　図 11-1 はコップに入れた氷水である．氷は水と空気に接している．一方，水は空気とコップ（のガラス）に接している．このとき，気体と接している部分を表面，気体以外と接している部分を**界面**という．しかし，表面を界面に含めてしまうこともある．

　要するに，界面とはほかの相との接触面である．界面は特別の性質を持つことがある．

界面, コロイドの化学

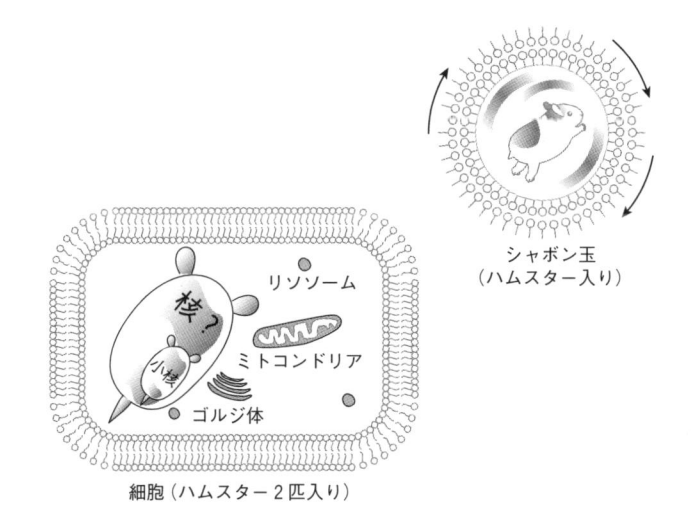

シャボン玉
（ハムスター入り）

リソソーム
ミトコンドリア
ゴルジ体

細胞（ハムスター2匹入り）

表面と界面

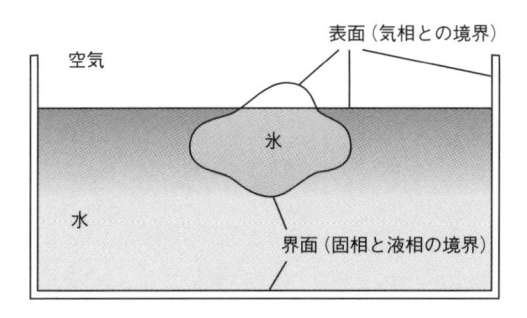

表面（気相との境界）
空気
氷
水
界面（固相と液相の境界）

図11-1

第1節◆界面と表面張力

2 表面張力

　図 11-2 に示すまでもなく，テーブルにこぼした水は水滴となってテーブルをぬらす．水滴とは水の塊，つぶ状になった水のことである．

　なぜ水はつぶ状になるのだろう．分子といえども質量を持ち，質量を持てば重力が働く．重力に従うのなら，水分子はテーブル上に一分子層になって広がるべきではないか．ダイズのように，水分子もテーブル上に広がるべきである．

　そうならないのは，水分子が互いに引き合っているためである．お互いに腕を組み合うようにして引っ張り合っているため，バラバラに散らばらないで，水滴のような塊になっていることができるのである．このように，液体がばらばらにならず，塊になろうとする力のことを**表面張力**という．**表面張力は分子間力によって発生する**．分子どうしの引き合う力，分子間力には水素結合，クーロン力，ファンデルワールス力など，いくつかのものが知られている．

3 表面張力と沸点

　図 11-3 のように，液体の内部ではどの分子も，上下左右前後，あらゆる方向にほかの分子が存在し，あらゆる方向から引っ張られている．しかし，表面では違う．頭上にほかの分子はおらず，表面の分子に対する拘束力は小さい．そのため，表面にいる分子は時折空中へ飛びだすことがある．蒸発である．

　このことから，沸点と表面張力の間に比例関係があることが予想される．表 11-1 に表面張力と沸点を示した．両者の間に一見してよい比例関係がないのは，沸点には表面張力のほかに分子量なども効いてくるからである．分子量を考慮すると両者の間にはよい関係のあることがわかる．

4 液体界面

　図 11-3 に示したように，液体の内部ではどの部分でも分子はほぼ同じ密度で存在する．

　それに対して表面では常に表面分子が蒸発し続けている．蒸発で表面分子が抜けてしまえば表面にすき間ができる．そのすき間へすぐ下の分子が入り込む．するとそこに新たなすき間ができる．ということで，表面に近づくにしたがって分子の密度は小さくなる．このように，**表面，表面層，内部では液体分子の密度に差がでてくる**．

表面張力

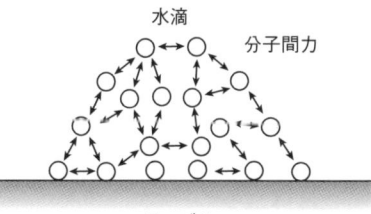

図11-2

表面張力と沸点

液　体	表面張力*	沸点（℃）	分子量
水銀	486	357	200**
水	73	100	18
グリセリン	63	290	92
ベンゼン	29	80	78
エタノール	23	78	46
メタノール	23	68	32
オクタン	22	125	114
ヘキサン	18	68	86

＊ 単位は任意
＊＊原子量

表11-1

液体界面

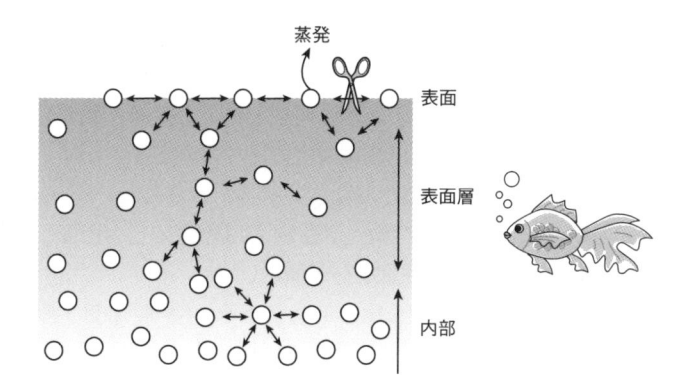

図11-3

第2節 界面活性剤の働き

洗剤は代表的な界面活性剤であり，両親媒性分子ともいわれる．界面活性剤は，液体の界面の性質を変化させる働きがある．

1 両親媒性分子

両親媒性とは両方の溶媒に親しむという意味である．両方の溶媒とは，水と油，あるいは水と空気でもよい．両親媒性分子の代表的な構造を図 11-4 に示した．**特徴は水になじみやすい親水性の部分と，水になじみにくく，油になじむ疎水性の部分をあわせ持つことである**．セッケン，中性洗剤などと呼ばれるものがこの仲間である．

両親媒性分子を水中に溶かすと，親水性部分は水中に入るが，疎水性の部分は入ることを拒否する．その結果両親媒性分子は図 11-5A のように，水の界面に逆立ちしたような形で存在することになる．

図 B はこのような両親媒性分子がたくさん水面に並んだ状態である．水分子の間の水素結合のネットワークが断ち切られている．両親媒性分子は界面の水素結合を切ることによって表面張力を小さくする働きがある．そのため水は泡立ちやすくなったり，狭い繊維の間に入って行きやすくなったりする．界面活性剤と呼ばれるのはこのせいである．

2 分子膜

図 11-6 は両親媒性分子が水面に並んだ図である．両親媒性分子の濃度を上げればやがて図 B のように両親媒性分子が水面をふさいでしまう．このような状態の両親媒性分子は構造が変化している．すなわち，図 A ではグニャグニャしていた疎水性部分の分子鎖が，図 B では剛直にピンと立っている．このように分子が膜状に集合した状態を**分子膜**という．

図 11-7 は分子膜を取り出した図である．図 A の分子膜は一層構造なので**一分子膜**，それに対して図 B では二層構造になっているので**二分子膜**という．分子膜にはこのほかに，何層も重なった**累積膜**，**LB 膜**と呼ばれるものも存在し，その積層構造のため，分子コンデンサーの可能性などについて研究が進められている．

両親媒性分子

疎水性部分 | 親水性部分

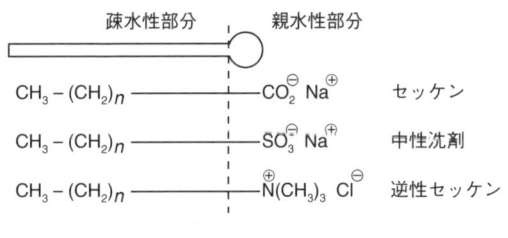

$CH_3-(CH_2)_n$ ——— $CO_2^{\ominus}$ $Na^{\oplus}$　セッケン

$CH_3-(CH_2)_n$ ——— $SO_3^{\ominus}$ $Na^{\oplus}$　中性洗剤

$CH_3-(CH_2)_n$ ——— $\overset{\oplus}{N}(CH_3)_3$ $Cl^{\ominus}$　逆性セッケン

図11-4

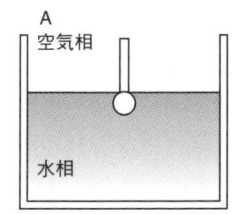

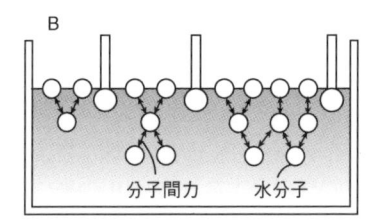

A 空気相 / 水相
B 分子間力 / 水分子

図11-5

分子膜

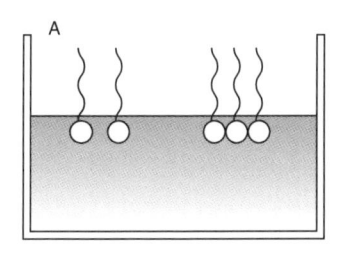

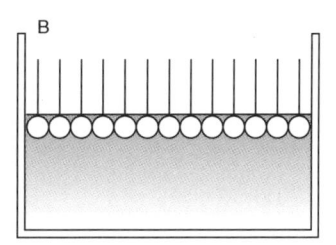

図11-6

二分子膜の構造（模式図）

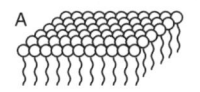

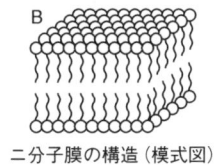

図11-7

第3節 ミセルは分子膜の袋

両親媒性分子の球状集団をミセルという．ミセルは内部に空洞を持つことから分子でできた容器としての性質を持つ．細胞膜につながるものである．

1 濃度とミセル

前節で見た図 11-6B では水面が両親媒性分子で覆い尽くされていた．もし，さらに両親媒性分子の濃度を上げたらどうなるだろうか．水面に並べない分子はしかたなく水中に入って，モノマー（単量体）として漂うことになる．さらに濃度を上げたらどうなるだろう．両親媒性分子は水中で集団を作ることになる．親水性部分を水中に向け，疎水性部分を水から遠ざけようとしたら，集団の形は必然的に図 11-8 の**ミセル**の形になる．

図 11-9 は両親媒性分子の濃度とモノマー，ミセルの濃度との関係である．初め増加したモノマー濃度はミセルの出現とともに一定値を保つようになる．このミセルが出現する濃度を特に **CMC**（**臨界ミセル濃度**）という．CMC 以降は，加えられた両親媒性分子はすべてミセルを構成することになる．

2 ベシクル

ミセルはいわば一分子膜が袋になったものと考えることができる．図 11-10 のように，親水基が袋の表側にあるものをミセル，それに対して袋が裏返しになって疎水基が表に来たミセルを**逆ミセル**という．

二分子膜でできた袋も存在し，ベシクルと呼ばれる．二分子膜には重なり方によって二分子膜と**逆二分子膜**がある．それに対応して**ベシクル**と**逆ベシクル**が存在する．逆ベシクルの身近な例はシャボン玉である．**シャボン玉は逆二分子膜の親水基に挟まれた部分に水を入れた逆ベシクルである．中には空気が入っている．一般に泡と呼ばれるものはこのような構造を持つ．**

ベシクルはいわば人工の細胞膜である．細胞とは核や小核やミトコンドリアが入った天然のベシクルであるといえる．ベシクルは細胞膜のモデル物質である．そのため，ベシクルは**人工赤血球**，**人工ワクチン**，**薬剤配送システム**（**DDS**）など，生体関係の面からの研究も進められている．

濃度とミセル

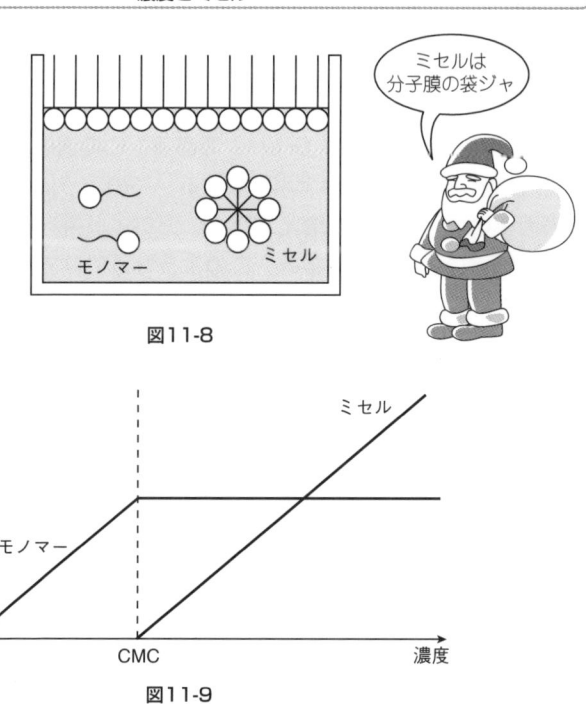

図11-8

図11-9

ベシクル

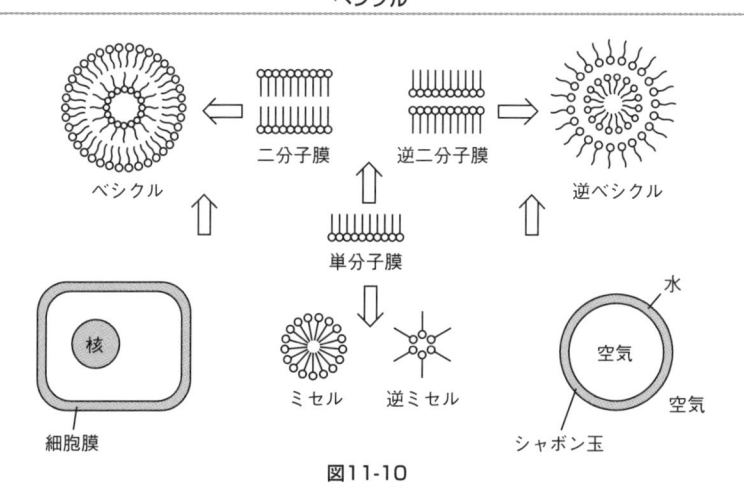

図11-10

第4節 コロイド

1 cm 角の氷の表面積は 6 cm² である．この氷を真っ二つにしたら，表面積は両方の氷を合わせて 8 cm² になる．このように，塊を小さくすればするほど表面積は増え，界面が増えて行く．コロイド系を構成するコロイド粒子は限界に近い大きさの粒子である．このような系では界面の性質が系を支配することになる．

1 コロイド状態

コロイド状態とはきわめて小さい粒子，コロイド粒子が分散媒（溶媒など）中に散らばったものである．コロイド粒子の大きさは図 11-11 に示したように，1 nm（10 Å）から 100 nm 程度のものまで知られている．

図 11-12 に示したように，コロイドには**可逆コロイド**と**不可逆コロイド**がある．可逆コロイドとは安定なコロイドであり，うっかりして溶媒を蒸発させたりしても，また溶媒を加えれば元のコロイド系に戻るものである．前節で見たミセル，ベシクルはこの種類のコロイドであり，多数の分子が会合してコロイド粒子を構成しているので**会合コロイド**と呼ばれる．もう一つは**分子コロイド**であり，これは高分子化合物のコロイドである．高分子は大きいので 1 分子でコロイド粒子になるのでこのように呼ばれる．

それに対して**不可逆コロイド（分散コロイド）**は不安定であり，一度分散媒を蒸発させたら，再度分散媒を加えてもコロイド系には戻らない．

2 分散コロイド

分散コロイドは，不可逆コロイドと呼ばれることからもわかるとおり，不安定系である．コロイド状態を破壊して分散媒系と粒子系（沈殿）に分かれようとする．しかし，身の回りにあるコロイドには分散コロイドが多い．分散媒が固体のもの以外は，コロイド系を破壊しようとする力が常に働いている．

表 11-2 に分散コロイドの例をあげた．コロイドという名前にはなじみがないかもしれないが，コロイドに接しない日はないほど，コロイドはわれわれの身近に存在し，日常生活にも欠かせないものである．

コロイド状態

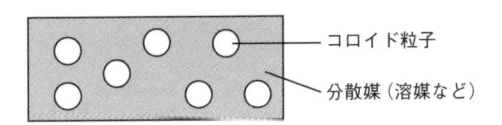

```
     1Å    10      100    1,000   1μ        10
     |     |        |       |     |          |
       イオン分子  │ コロイド粒子 │    微 粒 子
       H₂O  Ca²⁺   ヘ  金  ウ  油   大   ク
            ア    モ  コ  イ  エ   腸   ロ
            ル    グ  ロ  ル  マ   菌   レ
            ブ    ロ  イ  ス  ル        ラ
            ミ    ビ  ド      ジ
            ン    ン          ョ
                              ン
```

図11-11

$$\begin{cases} 可逆コロイド \begin{cases} 分子コロイド：高分子化合物 \\ 会合コロイド：ミセル, ベシクル \end{cases} \\ 不可逆コロイド（分散コロイド） \end{cases}$$

図11-12

分散コロイド

分散媒	コロイド粒子	名 称	例
気体	液体	液体エアロゾル	霧, スプレー
	固体	固体エアロゾル	煙, ほこり
液体	気体	泡	泡
	液体	乳濁液（エマルジョン）	牛乳, マヨネーズ
	固体	懸濁液（ゾル）（サスペンション）	ペンキ
固体	気体	固体泡	スポンジ, 軽石, パン
	液体	固体エマルジョン	バター, マーガリン
	固体	固体サスペンション	着色プラスチック, 色ガラス

表11-2

第5節 コロイドの安定性

　一般にコロイド状態は不安定なことが多い．不純物，特に電解質が加わるとコロイド状態は破壊され，コロイド粒子は沈降して固まってしまう．

1 塩　析

　水酸基 (OH) やカルボキシル基 (COOH) などの親水基を持つ分子からなる**親水コロイド**粒子は，表面に親水基があるため，水中に分散すると水分子に水和され，安定なコロイド状態を形成する．しかし，ここに**多量の電解質が加えられると，水和していた水分子が電解質の水和に回り，コロイド粒子を水和する水分子が少なくなり，コロイド粒子は集まって沈殿する．これを塩析という**．

2 凝　析

　親水基を持たない**疎水コロイド**は表面が正か負に帯電し，その静電反発力で互いに反発して分散媒中に遊離している．ここに**電解質が加えられると電気的に中和され，反発力を失って，集合し，沈降してしまう．これを凝析という**．

　疎水性コロイドに親水性コロイドを加えると安定な水溶性コロイドを作ることができる．このような親水性コロイドを**保護コロイド**という．

---

column　夕焼け

　光は電磁波の一種であり，波長が 400 nm から 800 nm のものを人は光として認識する．波長が 400 nm ほどの短い光は青く見え，800 nm の長い光は赤く見える．コロイドの性質の一つに光の散乱がある．光はコロイド粒子に当たると一部は吸収され，一部は反射される．この反射を散乱という．散乱の度合いは光の波長の 4 乗に反比例する．したがって，波長の短い光ほど散乱されやすい．
　夕焼けが赤いのはこのためである．大気は空気の分散媒に塵が分散した分散コロイドである．図のように，夕べの太陽は低い位置から差し込むため，大気中を長く通過する．このため，波長の短い光は散乱されてしまい，波長の長い光（赤い光）だけがわれわれに達するので夕日は赤く見える．昼は太陽が真上にある．通過する大気は薄く，すべての光がわれわれの目に達するので無色に見える．しかし，ほかの場所で散乱された短い波長の光（青い光）が混じるため青く見える．

塩析

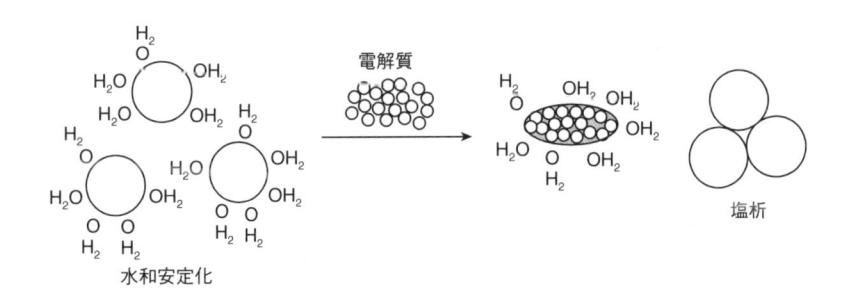

図11-13

水和安定化 → 電解質 → 塩析

凝析

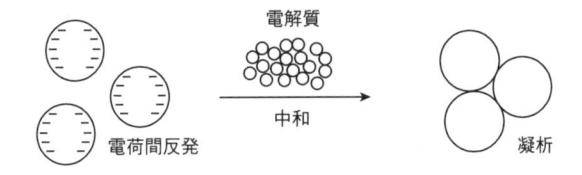

電荷間反発 → 電解質 中和 → 凝析

図11-14

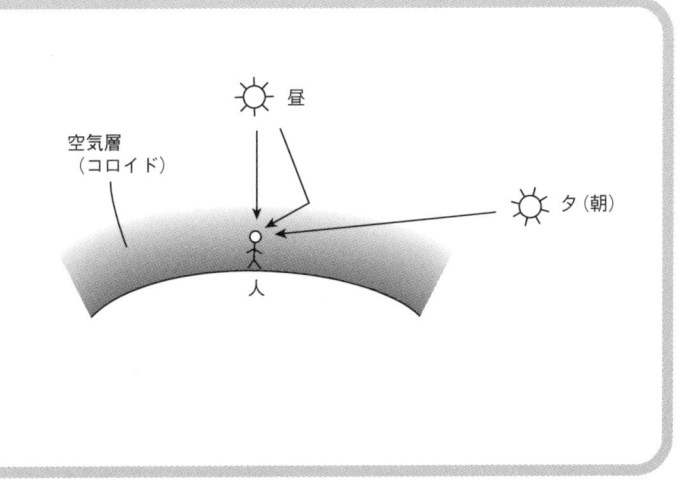

空気層（コロイド）

昼

夕（朝）

人

165

第5節◆コロイドの安定性

第6節 液体状のゾル，固体状のゲル

コロイド系には気体状のものも液体状，固体状のものもある．聞き慣れない言葉と思うが，液体状のコロイドをゾルといい，固体状のコロイドをゲルという．図 11-15 のゼラチンをお湯に溶いたゼラチン液はゾルである．これを冷蔵庫に入れて固めたゼリーはゲルである．

1 液状と固体状

ゾルと**ゲル**の種類と特徴を表 11-3 に整理した．液状コロイド，ゾルの例に関しては先の表 11-2 を見てもらいたい．固体状コロイドのゲルはさらに**コアゲル**，**ゼリー**，**キセロゲル**に分類される．コアゲルとは液状コロイド，ゾルの粒子成分が沈殿して上澄み液から分離したようなものをいう．ゼリーはお菓子のゼリーに代表されるように，内部に多量の水分を保って固体化したコロイドである．キセロゲルは乾燥したゼリーであり，表に示した例のほか，綿，絹，羊毛などの繊維類，木材などもこの仲間である．キセロゲルを液体につけると液体を吸って膨張し，ゼリーになる．これを膨潤という．

2 相互変化

ゾルとゲルは互いに変化することがあるが，その変化も，可逆的な場合と不可逆的な場合とがある．それぞれを表 11-4 にまとめた．

不可逆変化の例にタンパク質の熱変性をあげたが，生卵（ゾル）がゆで卵（ゲル）になることを見れば明白である．また，豆乳（ゾル）がニガリによって固化して豆腐（ゲル）になるのも不可逆変化である．

可逆変化の例は，寒天，ゼラチン（ゲル）とその溶液（ゾル）である．海草のテングサを煮てその成分を抽出した液体（ゾル）を作り，そのゾルを型に入れて厳冬期に外に出して水分を凍結乾燥したものが寒天（ゲル）である．

最近注目されているのが物理的な振動によるゾル－ゲル変化である．1964年，新潟地震で有名になった地盤の液状化現象はこれにあたる．信濃川流域にあって，たっぷり水を含みながらも固体化していた新潟市の地盤（ゲル）が，地震の震動による**チキソトロピー**によってゾル化して液状となった現象であった．

ゾル，ゲルは最近，材料関係の研究にとって欠かせないものになりつつある．

液状と固体状

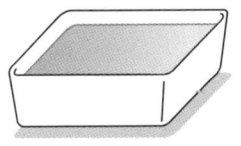

ゼラチン液（ゾル）　　　ゼリー（ゲル）

図11-15

種類		例
ゾル：液状コロイド		ゼラチン液
ゲル：固体状コロイド	コアゲル：ノリ状沈澱	どろ 水酸化アルミニウム
	ゼリー：多量の液体を含んで固まった	豆腐, プリン
	キセロゲル：乾燥したゼリー	寒天, 皮膚

表11-3

相互変化

	不可逆変化		可逆変化
温度変化	タンパク質の熱変性 球状タンパク質が糸状タンパク質になり絡まり合う	水素結合の生成切断	ゼラチン, 寒天（ゲル）とその水溶液（ゾル）
添加剤	豆腐作製 球状タンパク質が糸状タンパク質になり絡まり合う	レオペクシーとチキソトロピー	地震による液状化現象

表11-4

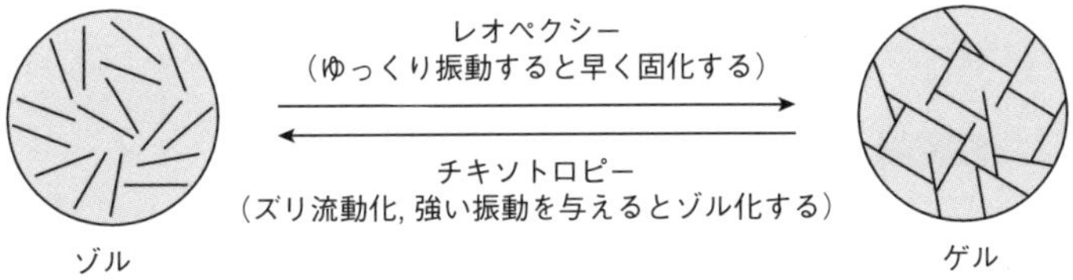

レオペクシー
（ゆっくり振動すると早く固化する）

チキソトロピー
（ズリ流動化, 強い振動を与えるとゾル化する）

ゾル　　　ゲル

図11-16

12章 固体の化学

固体中では分子は一定位置にとどまり，動くことがないだけに反応はしにくい．その意味で，固体は反応面から研究されることは少なかった．しかし今，固体は物性面からばかりでなく反応面からも注目を集めている．

第1節 結晶の種類

結晶とは，原子あるいは分子が規則的に並んでできた固体のことである．結晶には，金属結晶，イオン結晶，共有結合性結晶，そして分子結晶がある．**分子結晶**とは，水の分子でできた結晶の氷や，ナフタレン，砂糖などがあるが，分子が一定の規則に従って規則正しく並んだもので，各分子に特有の結晶構造を構成する．冒頭の図はフラーレン（C_{60}）の分子結晶のすき間に金属元素が入り込んだ超伝導体の結晶である．

1 金属結晶

金属原子からなる結晶である．結晶の構成要素（金属原子粒子）がただ一種であり，構造は単純である．限られた空間にできるだけたくさんの原子を収容できるように構成されることが多い．図 12-1 に示したのは最も高密度に詰めることのできる，六方最密充填という方式で，空間の 74 %を粒子の体積で占める．

2 イオン結晶

イオン結合性の分子が作る結晶である．代表的なものとして塩化セシウムと食塩の結晶を図に示した．陽イオンと陰イオンの比が 1：1 でない分子も多く，複雑な構造の分子もあることから，種々の結晶構造が知られている．

3 共有結合性結晶

結晶を構成する原子全体が共有結合で結合している結晶である．その意味で結晶 1 個が 1 分子ともいえるものである．代表的なものはダイヤモンドである．黒鉛（グラファイト）は層状構造をしているが，各層を構成する炭素原子だけが共有結合で結ばれ，層間での結合はない．

固体の化学

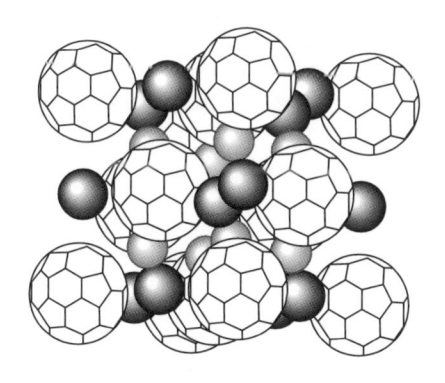

[化学編集部編, C60・フラーレンの化学, p.107, 化学同人 (1993)]

結晶の種類

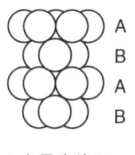

六方最密格子

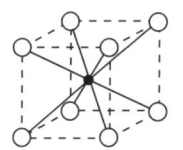

塩化セシウム型, CsCl

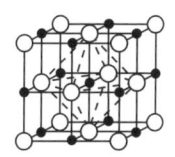

食塩型, NaCl

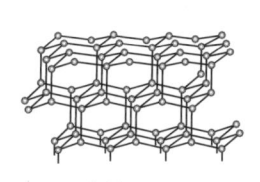

ダイヤモンド

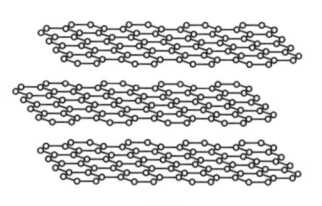

黒鉛

[F.A.Cotton, G.Wilkinson, P.L.Gauss, *Basic Inorganic Chemistry*, Fig.8-2b, Fig.8-3, John Wiley & Sons (1987)]

図12-1

第2節 化学吸着と物理吸着

吸着とはほかの分子を吸い着けることである．活性炭の脱臭剤は，固体炭素のこの性質を利用したもので，各種の固体触媒作用も吸着により説明できる．

1 吸着

結晶中の原子の結合状態を模式的に表したのが図 12-2 左図である．簡単のため，原子がサイコロ状に積み重なっていたとする．結晶内部の原子 A は上下左右前後，計 6 個の原子と結合（相互作用）している．表面に出ている原子 B は 5 個の原子と結合するだけである．角の原子 C では 3 個にすぎない．原子 B はもう 1 個の原子と結合する余力を残していると考えることができる．

吸着はこのような原子で覆われた結晶の表面で起こる．飛んできた分子が結晶表面に衝突すると，ある分子は弾性衝突によって弾き返されるが，中には結晶原子に捕まるものがある．これが**吸着**である．

2 物理吸着と化学吸着

吸着には 2 種ある．図 12-3 の**物理吸着**と**化学吸着**である．物理吸着において分子を捕まえる力は主にファンデルワールス力で力は弱い．だから分子はすぐに逃げ出してしまう．これを脱着という．しかし，中には化学結合によって吸着されてしまう分子もある．物理吸着と化学吸着とで，分子が表面にとどまる時間は，常温で，それぞれおよそ 10^{-8} と 10^3 秒ほどと，大きな違いがある．

3 触媒作用

アセチレン誘導体（RC≡CR）に水素を加えても何ら反応は起こらない．しかし，**触媒**としてパラジウムを加えると反応してエチレン誘導体（RHC＝CHR）になる．図 12-4 はこの反応機構を説明したものである．

水素分子がパラジウムに吸着されると図 B となる．水素原子とパラジウムの間に新たな結合が形成される．これは水素原子間の結合が弱まることを意味する．これが**活性水素**といわれるものである．ここに，アセチレンが近づくと，活性水素がアセチレンの三重結合に反応する．したがって，2 個の水素原子はともに同じ側からアセチレンを攻撃するので，生成するエチレン誘導体はシス体になる．

吸着

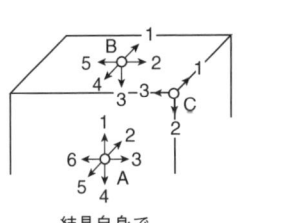

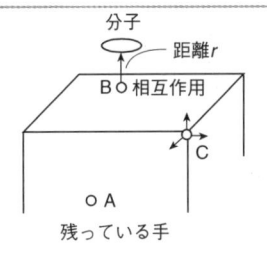

結晶自身で
使われている手

残っている手

[齋藤勝裕, 反応速度論, p.166, 図5, 三共出版(1998)]

図12-2

物理吸着と化学吸着

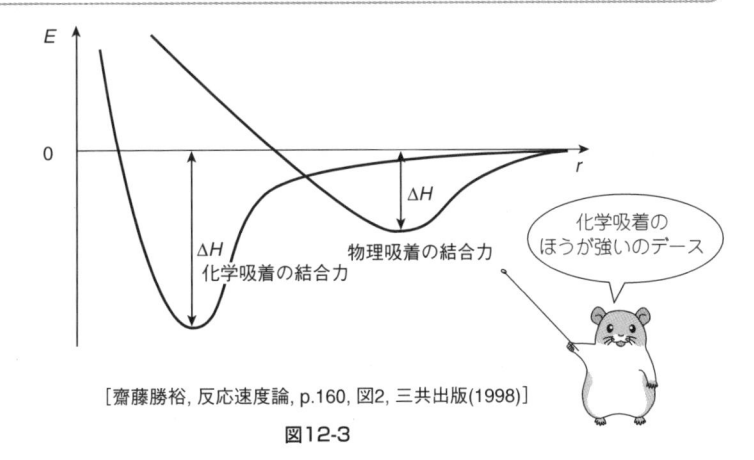

ΔH 化学吸着の結合力

ΔH 物理吸着の結合力

化学吸着のほうが強いのデース

[齋藤勝裕, 反応速度論, p.160, 図2, 三共出版(1998)]

図12-3

触媒作用

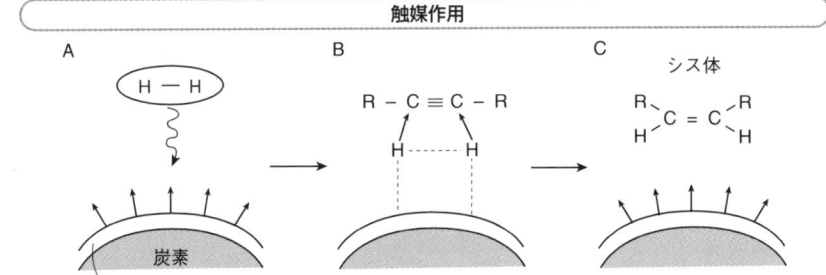

A H—H

B $R-C\equiv C-R$

C シス体 $\begin{matrix}R\\H\end{matrix}C=C\begin{matrix}R\\H\end{matrix}$

炭素
Pd

[齋藤勝裕, 反応速度論, p.166, 図6, 三共出版(1998)]

図12-4

第3節 電気を通す物質

　金属結晶は伝導性を持つ．現在では有機物の結晶にも伝導性を持ち，さらには超伝導性を持つものがあることが知られている．

1 伝導率

　物質が電気を通すときの通しやすさを伝導率といい，記号σで表す．図 12-5 にいくつかの物質の伝導率を示した．銅，金，銀などは伝導率の高い金属伝導体の代表であり，ガラス，ベークライトなどは伝導率の低い絶縁体の代表である．両者の中間に半導体と呼ばれる一群があり，ケイ素，ゲルマニウム，セレンなどがある．一般に有機物は絶縁体が多いが，グラファイト（黒鉛）は伝導性があり，ポリアセチレンや有機超伝導体は伝導性を持つ．

2 自由電子

　金属などの伝導性物質には**自由電子**が存在し，この自由電子が電気伝導の担い手となっている．自由電子は金属結晶において金属原子を結びつける役割をする電子であり，金属結晶における金属原子は，いわば自由電子の水槽に沈められた小石のようなものである．

　電気は電子の流れであり，小川が流れるように自由電子が金属原子の間を移動することによって電気は流れる．だから，温度が上がると小石の金属原子が熱運動を起こし，電子の流れを妨害する．そのため，**一般に温度が低下するほど伝導率は上昇する**ことが知られている．

3 有機伝導体

　一般に有機物は伝導性を持たないとされていた．この壁を破ったのが図12-7の **TTF（テトチアフルバレン）** と **TCNQ（テトラシアノキノジメタン）** 分子で構成される**電荷移動錯体**である．TTF から TCNQ へ電子が移動することによってできる TTF$^+$ と TCNQ$^-$ のイオン対の組み合わせによる電荷移動錯体の結晶は，伝導性を獲得することに成功した．TTF$^+$ ― TCNQ$^-$ の結晶中で，電子は矢印で示したように，重なった分子（カラム）を貫く方向に移動する．

伝導率

| 絶縁体 | 半導体 | 金属 |

-14　ベークライト／ガラス　-10 Se　-6 Si　0 Ge　2 Te　Bi　6 Cu/Au/Ag　log σ

有機超伝導体　ポリアセチレン　グラファイト　グラファイト錯体

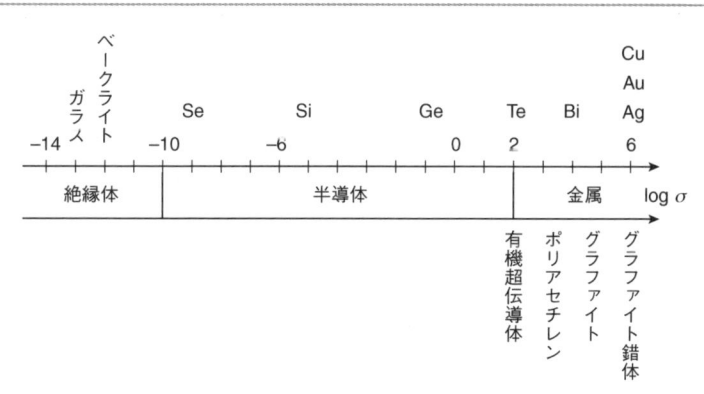

図12-5

自由電子

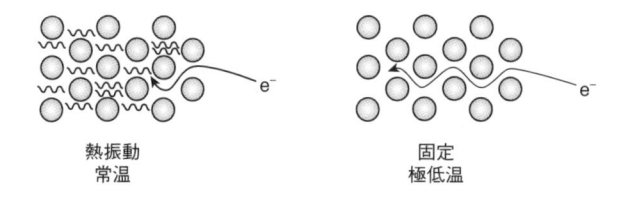

熱振動
常温

固定
極低温

図12-6

有機伝導体

TTF

TCNQ

電子の流れ

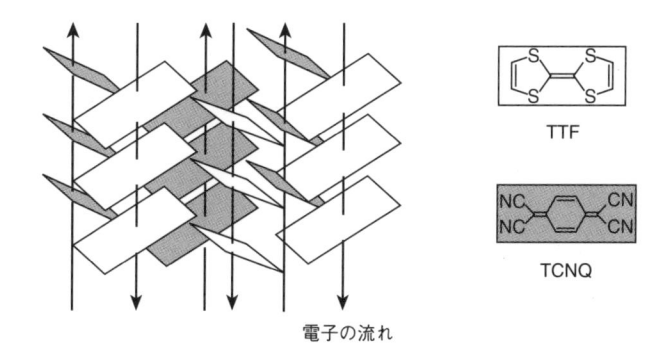

図12-7

第4節 夢の超伝導性

伝導率が無限大になる超伝導性は液体ヘリウム温度（4 K）の金属に特有の現象と思われていたが，無機酸化物では 130 K を越す高温で超伝導性を示すものが開発された．今や，超伝導性を持つ有機物結晶も開発されている．

1 超伝導体

図 12-8 は金属伝導率の温度変化を示す．**温度の低下とともに上昇し，ついに臨界温度 T_c で無限大になり，超伝導状態となる**．図の銅酸化物は最高温の T_c（134 K）を誇るものである．超伝導性を示す金属，合金，無機酸化物の種類は 1000 種を越すが，リニアモーターなどに用いられる超伝導磁石などの実用に供されているのは Nb-Ti 合金（T_c 9 K）と Nb$_3$Sn（T_c 18 K）である．

2 パイエルス転移

有機物の超伝導体を合成しようと，TTF–TCNQ 錯体の低温での伝導性が測定された．金属と同様に，低温で伝導性は上昇したが，**臨界温度 T_c で突然伝導率が低下した．この現象をパイエルス転移と呼ぶ**．系の相変化に相当するものであり，電子が一方向に流れる系では避けられないものである．

TTF–TCNQ 系では図 12-7 で見たように電子は積み重なった分子のカラムを通って一方向に流れていた．その結果のパイエルス転移であった．

3 有機超伝導体

有機物に超伝導性を付与するためには，電子が分子カラムの方向にだけ（1次元）移動するのでなく，カラム間でも移動する（2 次元，3 次元）ようにしなければならない．これを**次元性の改良**という．カラム間に相互作用を持たせるには，分子内に炭素原子以外のヘテロ原子を導入するとよいことが明らかとなった．この結果，パイエルス転移は回避され，ついに有機超伝導体が合成された．いくつかの例を図 12-10 に示した．T_c は 10 K 程度である．

フラーレンを用いた超伝導体も合成されている．フラーレンは球形の 3 次元分子なので，伝導方向の次元性も 3 次元が期待できる．実際に超伝導性が発現した．T_c は 30 K とかなり高く，将来性が期待される．

超伝導体

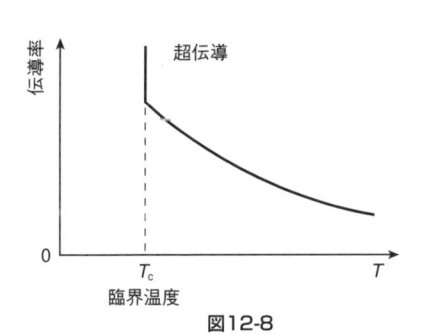

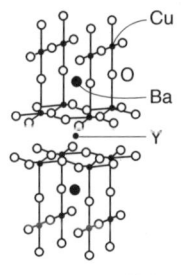

図12-8

$YBa_2Cu_3O_{7-x}$の構造

[齋藤太郎, 無機化学, p.189, 図8.4, 岩波書店(1996)]

パイエルス転移

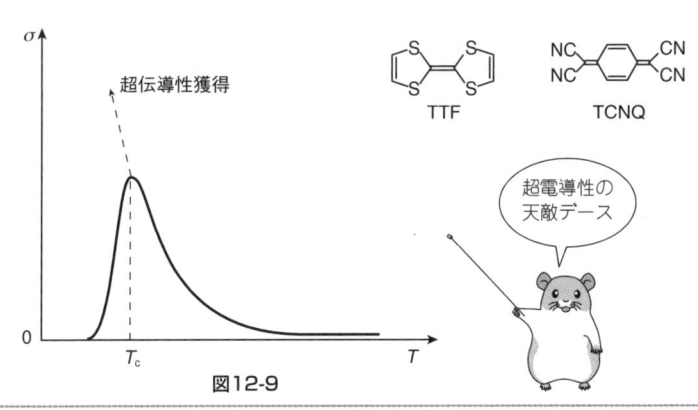

超伝導性獲得

TTF　TCNQ

超電導性の天敵デース

図12-9

有機超伝導体

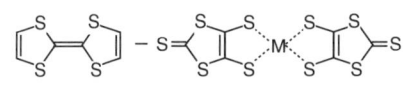

$T_c = 12.8$ K

6K (M = Pd), 7K (M = Ni)

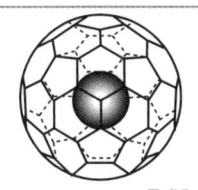

	T_c (K)
Rb_3C_{60}	29
Rb_2CsC_{60}	31
$RbCs_2C_{60}$	33

[化学編集部編, C60・フラーレンの化学, p.136, 図1, 化学同人 (1993)]

図12-10

第5節 磁石になる物質

磁性は原子，分子のたいせつな性質の一つである．錯体や酸素分子はもちろん，有機物も磁性を持つ．最近は有機物の磁石を作る研究も行われている．

1 磁性曲線

物質に外部から磁場（外部磁場）を加えた場合に，**磁場に対して反応する物質を磁性体，まったく反応しないものを非磁性体という**．

図 12-11 は外部磁場 H を磁性体に加えた場合に，磁性体に発生する磁化 M の変化である．座標の原点 O から出発して H を増加すると，それに伴って物質の M は増加するがやがて磁気飽和して A に達する．そこで H を減少させると，M は先ほどたどった線分 OA ではなく，新たな線分 AB をたどる．このように，変化の行きと帰りで別の変化曲線をたどることを一般に**ヒステリシス**と呼ぶ．磁場を逆にして $-H$ をかけてゆくと C を経て D に達して飽和する．$-H$ を減らして行くと E, F をたどって A に戻る．

B を**残留磁化**といい，物質に外部磁場をかけて磁性を発現させた後，外部磁場を除いたときに物質に残る磁化であり，これが大きいと優れた磁石ということになる．C はこれだけの反対磁場をかけなければ物質の磁化は 0 にならないという数値なので，磁化の安定性を表す．したがって，**優れた磁石の条件は B, C（絶対値）がともに大きいこと**ということになる．

2 電子と磁気モーメント

磁性の原因は磁気モーメントである．磁気モーメントは電子のスピンによって発生する．図 12-12 のように，スピン方向（自転方向）が右の電子は上向きの磁気モーメントを持ち，その結果，磁性を発現する．同様に，スピン方向が左の電子の磁気モーメントは下向きである．

もし，右スピンの電子と左スピンの電子がいっしょになったら，磁気モーメントは上下が相殺されて 0 になり，磁性は消失する．有機分子を構成する共有結合では，すべての結合はこのようなスピン方向が逆の電子の対でできている．したがって，分子全体の磁気モーメントは 0 となり，磁性を持たないことになる．これが普通の有機物である．

磁性曲線

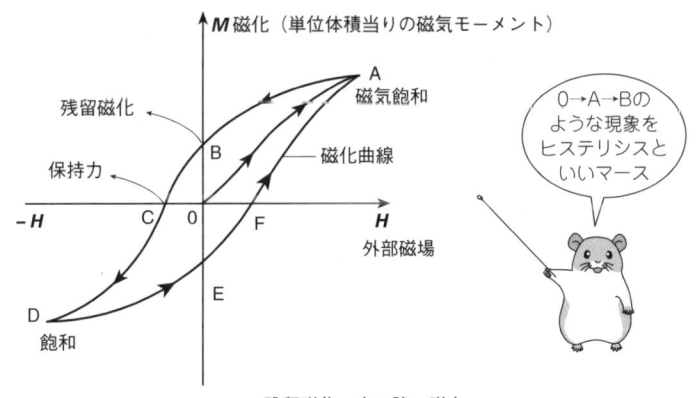

M 磁化（単位体積当りの磁気モーメント）

- 残留磁化
- 磁気飽和
- 磁化曲線
- 保持力
- $-H$
- C, O, F, H 外部磁場
- E
- D 飽和

O→A→Bのような現象をヒステリシスといいマース

残留磁化　大：強い磁力
保持力　　大：安定な磁力
永久磁石：保持力の大きい強磁性体の残留磁化を利用するもの

図12-11

電子と磁気モーメント

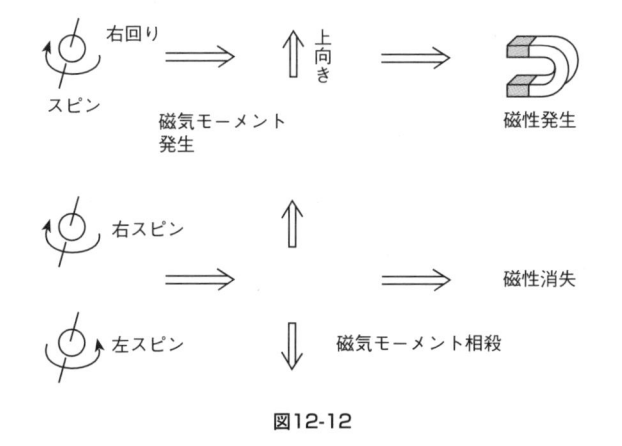

右回り　⇒　上向き　⇒　磁性発生
スピン　　磁気モーメント発生

右スピン　⇒　↑
　　　　　　　　　⇒　磁性消失
左スピン　⇒　↓　磁気モーメント相殺

図12-12

3 磁気モーメントと磁性

　磁性は磁気モーメントによって発現する．分子に何らかの原因で磁気モーメントが生じた場合，分子には磁気モーメントの並び方によっていろいろの種類の磁性が発現する．表 12-1 にいくつかの例を示した．

　磁気モーメントの方向が一定でなく，等方向的な場合を常磁性体という．図 12-13 のように，常磁性体に外部から磁場を加えると磁気モーメントが一定方向に整列し，その結果外部磁場と同じ方向の磁性が発生する．それゆえ，常磁性体は外部磁場に吸着されることになる．一般に磁石に吸い付く物質は常磁性体である．

　磁気モーメントが常に一定方向を向いて整列しているものを強磁性体という．常に磁性が存在することになり，これは永久磁石である．しかし，高温にすると磁気モーメントの配列が乱れ，常磁性体に変化する．

　磁気モーメントが互いに反対向きに対を作ったら，この物質は磁性を持たないことになる．しかし，先ほどの図 12-12 とは違い，個々の分子は磁気モーメントを持つ．したがってこのような物質を高温にすると磁気モーメントの配列に乱れが生じ，磁性が発現することになる．このような磁性体を**反強磁性体**という．

4 分子配列と磁性

　前項までに見たことを整理すると，図 12-14 に示したように，磁性体を作成する際の方針が見えてくることになる．

　まず，分子に磁気モーメントを持たせることである．そのためには分子に対を作らない電子，**不対電子を存在させなければならない**．

　強い磁性を発現させるためには，各々の分子内の**不対電子の個数は多いほうがよい**であろう．

　常磁性にがまんせず，永久磁石になりうる強磁性体を目ざすなら，**磁気モーメントの方向を一定にそろえる**必要がある．そのためには物質は結晶となることが必要である．

　以上の要求を満たしたものが永久磁石として活躍できることになる．

磁気モーメントと磁性

名称	モーメント配列	性質
常磁性体	↓↑→ ⇒↙↓↖ →↓↙	磁場を加えると磁化し, 取り去ると自発的に元に戻る
強磁性体	⇒⇒⇒⇒ ⇒⇒⇒⇒	永久磁石 自発磁化率あり
反強磁性体	⇒⇒⇒⇒ ⇐⇐⇐⇐	常磁性体より磁化率は低いが, 高温では配列が乱れるためかえって強くなる

表12-1

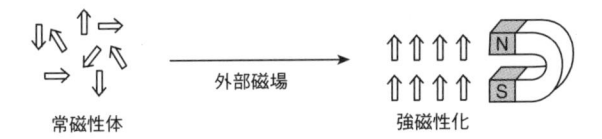

図12-13

分子配列と磁性

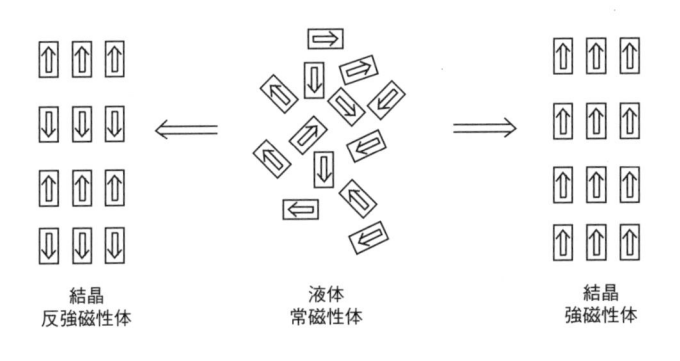

結晶
反強磁性体

液体
常磁性体

結晶
強磁性体

図12-14

第5節◆磁石になる物質

第6節 有機化合物も磁石になる

　金属だけでなく，有機物も磁性を持つ．常磁性分子として有名なのが酸素分子である．酸素分子の電子配置は図12-15で表され，スピン方向が同じ2個の不対電子が存在する．液体酸素は磁石に吸い寄せられる．部屋にどんなに強力な磁石を置いても，磁石から離れた所にいる人が窒息死しないのは，気体状態では磁石の吸着力より，分子の運動エネルギーのほうが大きいからである．

1 不対電子

　磁性を獲得するには，分子内に不対電子を持てばよく，不対電子を持つ有機物の代表はラジカルである．ラジカルは不対電子を1個持ち，磁気モーメントを持つので磁性体である．カルベンと呼ばれる分子種は炭素原子に二つの基が結合しているだけなので，結合に関与しない電子を2個持っている．カルベンには三重項カルベンと一重項カルベンがある．後者は2個の電子が電子対を作り磁気モーメントは0である．しかし，三重項カルベンでは2個の電子はスピン方向が同じであり，不対電子が2個あるのと同じであり，大きな磁気モーメントが期待できる．**問題はラジカル，カルベンが不安定なことである．安定なものを作ろうとの試みが繰り返され，いくつもの成功例がでている．**

2 構造変化

　図12-16の分子Aは安定なラジカル分子種合成の成功例である．このラジカル誘導体の磁化の温度変化を示したのが図のグラフである．置換基Rがメチル基（–CH₃）のBとブチル基（–CH₂CH₂CH₂CH₃）のCについて測定した．磁石として良好な結果を示したのはブチル基を持った化合物Cであった．

　これは，結晶内にあって，化合物Bでは二つの分子のラジカル部位が近接しているのに対して，Cでは離れていることに原因がある．**ラジカル部位が接近すると両者の間に相互作用が生じ，2分子のラジカル電子が電子対を作り，磁気モーメントを相殺させる力が働くからである．このように，結晶内にあって分子がどのように配列するかが磁性に大きな影響を及ぼしているのである．**

　分子の構造を変化させることによって結晶の構造を変化させようという研究が確立され，**クリスタルエンジニアリング**という名称で成果をあげつつある．

不対電子

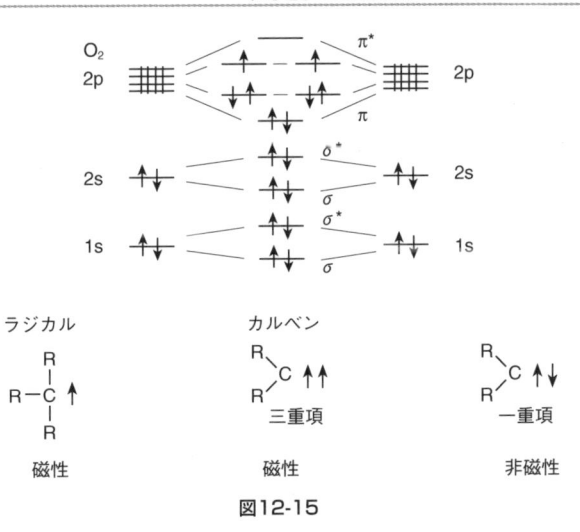

ラジカル

$R-\underset{R}{\overset{R}{C}}\uparrow$

磁性

カルベン

$\underset{R}{\overset{R}{C}}\uparrow\uparrow$
三重項

磁性

$\underset{R}{\overset{R}{C}}\uparrow\downarrow$
一重項

非磁性

図12-15

構造変化

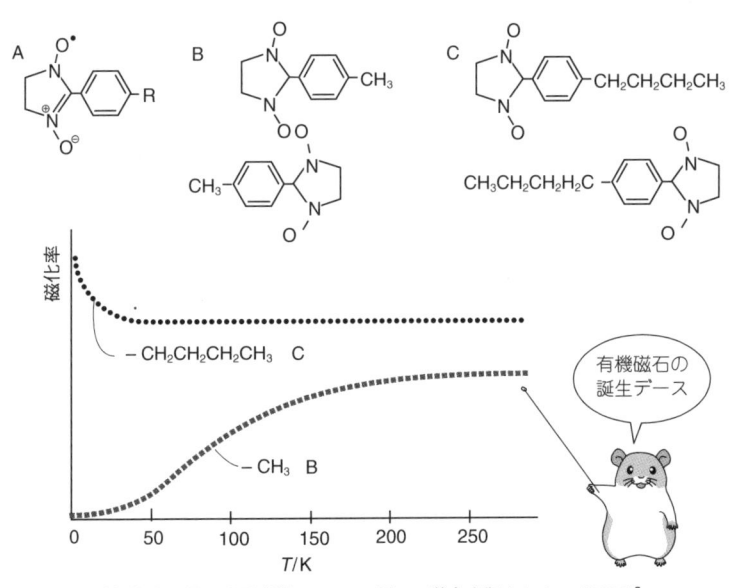

図12-16

[伊藤公一編，分子磁性，p.120，図5，学会出版センター (1996)]

有機磁石の誕生デース

第6節◆有機化合物も磁石になる

索引

欧文索引

CMC　160
HSAB 理論　124

LB 膜　158

和文索引

ア

圧力　18
アボガドロ数　8
アレニウスの定義　124
アレニウスプロット　36
イオン化傾向　142
イオン結晶　12, 168
位置エネルギー　56
一次反応　32
一分子膜　158
陰極　144
運動量　18
運動量変化　18
永久機関　74
液晶　12, 14
エネルギー　62
エネルギー保存の法則　62
塩基　122
塩基解離定数　130
塩析　164
エンタルピー　66
エントロピー　50, 74, 76, 78

還元　136
還元剤　140
還元力　140
寒剤　100
緩衝液　134
基底状態　60
ギブズの自由エネルギー　86
吸着　170
吸熱反応　60
凝固点降下　116
強磁性体　178
凝析　164
共通イオン効果　132
共沸　118
共役塩基　122
共役酸　122
共有結合性結晶　168
金属結晶　12, 168
クラジウス-クラペイロンの式　96
クーロン　150
結合エネルギー　60, 71
ゲル　166
格子エネルギー　108
格子破壊　108
コロイド　162
根平均二乗速度　20

カ

会合　10
回転エネルギー準位　58
界面　154
化学吸着　170
加水分解　132
活性化エネルギー　36

サ

最大確率速度　22
酸　122
酸化　136

酸解離定数　130
酸化剤　140
酸化数　138
酸化力　140
磁気モーメント　176
仕事　62
磁性体　176
実在気体　6
実在気体方程式　8
自由エネルギー　86
自由電子　172
自由度　22, 100
柔軟性結晶　12
蒸気圧　10, 96
蒸気圧降下　114
常磁性体　178
状態図　98
状態方程式　4
衝突回数　26
衝突頻度　24
蒸発　10
触媒反応　40
初濃度　28
浸透圧　120
振動エネルギー準位　58
水素イオン指数　128
水和　108
正極　144
絶対0度　82
遷移状態　36
相　94
相図　98
相律　100
素反応　38
ゾル　166

タ

ダニエル電池　146
断熱圧縮　62
断熱膨張　62

逐次反応　38
中間体　38
超伝導性　172
超伝導体　174
定圧熱容量　72
定圧変化　66
定積変化　66
定容熱容量　72
定容変化　66
電荷移動錯体　172
電気分解　150
電子エネルギー準位　58
電池　144
伝導率　172
電離定数　126
電離度　126
統計熱力学　46
等方向的　2
透明点　12

ナ

内部エネルギー　64, 66
二次反応　32
二分子膜　158
熱　62
熱効率　74
熱爆発　40
熱容量　72
熱力学第1法則　62
熱力学第2法則　76
熱力学第3法則　82
燃料電池　146

ハ

パイエルス転移　174
配向　14
配置の数　42
爆発　40
発熱反応　60
反強磁性体　178

半減期　34
半電池　148
半透膜　120
反応速度　28
反応速度定数　30
反応熱　60, 70
非磁性体　176
標準生成エンタルピー　68, 88
標準生成エントロピー　88
標準生成ギブズ自由エネルギー　88
標準電極電位　148
表面張力　154
ファラデー　150
ファンデルワールスの状態方程式　8
ファントホッフの式　120
負極　144
沸点　10, 114
沸点上昇　116
物理吸着　170
ブレンステッド-ローリーの定義　122
分極　144
分散コロイド　162
分子結晶　12
分子膜　158
分留　118
平均速度　22
平衡状態　30
平衡定数　90
並進運動　16
ベシクル　160
ヘスの法則　68
ヘルムホルツの自由エネルギー　86
ヘンリーの法則　110
保護コロイド　164
ポテンシャルエネルギー　56

ボルタ電池　144
ボルツマン分布　44, 46

マ

マックスウェル分布　48
水のイオン積　128
ミセル　160
モル凝固点降下度　116
モル沸点上昇度　116

ヤ

融解　12
有機超伝導体　174
有機伝導体　172
融点　114
溶解　106
溶解熱　108
陽極　144
溶媒和　106
溶融電解　150

ラ

ラウールの法則　112
理想気体　2
律速段階　38
両親媒性分子　158
臨界点　100
臨界ミセル濃度　160
ルイスの定義　124
累積膜　158
ル・シャトリエの法則　92
励起状態　60
連鎖爆発　40
六方最密充填　12

著者紹介

齋藤　勝裕（さいとう　かつひろ）　理学博士
1974年　東北大学大学院理学研究科博士課程修了
現　在　名古屋工業大学名誉教授，愛知学院大学客員教授
専　門　有機化学，物理化学，光化学
主要著書　反応速度論，三共出版（1998）
　　　　　構造有機化学，三共出版（1999）
　　　　　超分子化学の基礎，化学同人（2001）
　　　　　構造有機化学演習（共著），三共出版（2002）
　　　　　目で見る機能性有機化学，講談社（2002）
　　　　　ニュースをにぎわす　化学物質の大疑問，講談社（2003）

NDC431　　190p　　21cm

絶対わかる化学シリーズ

絶対わかる物理化学

2003年11月10日　第1刷発行
2015年 7月25日　第10刷発行

著　者　齋藤勝裕（さいとうかつひろ）
発行者　鈴木　哲
発行所　株式会社　講談社
　　　　〒112-8001　東京都文京区音羽2-12-21
　　　　　販売　（03）5395-4415
　　　　　業務　（03）5395-3615
編　集　株式会社　講談社サイエンティフィク
　　　　代表　矢吹俊吉
　　　　〒162-0825　東京都新宿区神楽坂2-14　ノービィビル
　　　　　編集　（03）3235-3701
印刷所　株式会社平河工業社
製本所　株式会社国宝社

落丁本・乱丁本は，購入書店名を明記のうえ，講談社業務宛にお送り下さい．送料小社負担にてお取替えします．なお，この本の内容についてのお問い合わせは，講談社サイエンティフィク宛にお願いいたします．定価はカバーに表示してあります．

© Katsuhiro Saito, 2003

本書のコピー，スキャン，デジタル化等の無断複製は著作権法上での例外を除き禁じられています．本書を代行業者等の第三者に依頼してスキャンやデジタル化することはたとえ個人や家庭内の利用でも著作権法違反です．

JCOPY　〈(社)出版者著作権管理機構　委託出版物〉

複写される場合は，その都度事前に（社）出版者著作権管理機構（電話03-3513-6969，FAX 03-3513-6979，e-mail: info@jcopy.or.jp）の許諾を得て下さい．

Printed in Japan

ISBN4-06-155053-5

講談社の自然科学書

わかりやすく おもしろく 読みやすい
絶対わかる化学シリーズ

絶対わかる 高分子化学
齋藤 勝裕／山下 啓司・著
A5・190頁・本体2,400円

絶対わかる 有機化学の基礎知識
齋藤 勝裕・著
A5・222頁・本体2,400円

絶対わかる 化学結合
齋藤 勝裕・著
A5・190頁・本体2,400円

絶対わかる 有機化学
齋藤 勝裕・著
A5・206頁・本体2,400円

絶対わかる 無機化学
齋藤 勝裕／渡會 仁・著
A5・190頁・本体2,400円

絶対わかる 物理化学
齋藤 勝裕・著
A5・190頁・本体2,400円

絶対わかる 化学の基礎知識
齋藤 勝裕・著
A5・222頁・本体2,400円

絶対わかる 量子化学
齋藤 勝裕・著
A5・190頁・本体2,400円

絶対わかる 分析化学
齋藤 勝裕／坂本 英文・著
A5・190頁・本体2,400円

絶対わかる 生命化学
齋藤 勝裕／下村 吉治・著
A5・190頁・本体2,400円

絶対わかる 電気化学
齋藤 勝裕・著
A5・190頁・本体2,800円

絶対わかる 化学熱力学
齋藤 勝裕／浜井 三洋・著
A5・190頁・本体2,400円

※表示価格は本体価格(税別)です。消費税が別に加算されます。　「2015年6月現在」

講談社サイエンティフィク　http://www.kspub.co.jp/